翘片籽粒

花片籽粒

二青板籽粒

水滴形籽粒

籽瓜戴帽出苗影响幼苗生长

籽瓜幼苗期

1

籽瓜团棵期

籽瓜伸蔓前期

籽瓜伸蔓后期

籽瓜雄花

籽瓜雌花

籽瓜两性花

籽瓜良种繁育田生长状

黑皮籽瓜良种繁育田

籽瓜良种生产田

田间筛选单瓜

籽瓜温棚加代育种

籽瓜套袋

籽瓜雄花双生

籽瓜雌花双生

籽瓜龙头

籽瓜对节

籽瓜膜下滴灌栽培

即将成熟收获的籽瓜形态

籽瓜栽培技术

张 伟 编著

金盾出版社

内 容 提 要

本书由石河子大学张伟老师编著。作者在分析相关研究文献资料的基础上,结合十余年兵团团场的生产经验编写此书。内容包括:绪论,籽瓜的生物学特性,籽瓜的产量与品质,籽瓜育种与良种扩繁,籽瓜高效栽培,籽瓜病虫草害防治。全书内容全面,技术实用,文字简练,适合籽瓜种植户和基层农业技术推广人员学习使用,也可供农业院校相关专业师生阅读参考。

图书在版编目(CIP)数据

籽瓜栽培技术/张伟编著. —北京:金盾出版社,2015.7
ISBN 978-7-5082-9936-5

Ⅰ.①籽… Ⅱ.①张… Ⅲ.①籽用西瓜—瓜果园艺 Ⅳ.①
S651

中国版本图书馆 CIP 数据核字(2015)第 011194 号

金盾出版社出版、总发行
北京太平路 5 号(地铁万寿路站往南)
邮政编码:100036 电话:68214039 83219215
传真:68276683 网址:www.jdcbs.cn
北京四环科技印刷厂印刷、装订
各地新华书店经销
开本:850×1168 1/32 印张:3.625 彩页:4 字数:82 千字
2015 年 7 月第 1 版第 1 次印刷
印数:1~4 000 册 定价:11.00 元

前　言

　　籽瓜是籽用西瓜的简称,又称"打瓜"。1985 年林德佩等在《新疆甜瓜西瓜志》专著中,将中国特有的籽用西瓜划为一个变种 var. megalaspermus,归属于普通西瓜亚种。《中国西瓜甜瓜》将籽瓜分类为西瓜属西瓜种普通西瓜亚种下的一个变种,与食用西瓜成为并列的兄弟栽培变种,这一籽瓜属种的划分得到普遍的认可和相关研究的论证。

　　籽瓜的瓜子为收获主产品,俗称"打瓜子"。打瓜子除了具有很高的营养价值外,还具有多种保健功能,尤其是养胃的功用,对于当下人们普遍出现的不健康饮食习惯造成的肠胃问题,具有很好的肠胃保健功效。《本草纲目》中记载"籽瓜性味甘,籽瓜入心脾胃,肉有降心脾胃热,止消渴"。作为休闲食品的打瓜子,具有多吃不上火、久吃不会口干舌燥的特点,受到众多消费者的青睐。

　　根据一些学者考证,籽瓜为原产中国西北的栽培植物,有别于起源非洲的西瓜。籽瓜是我国特有的栽培植物,当前已在一些国家和地区引进栽培,世界范围内总种植面积很小,仅在我国西北省区的一些区域形成了大的产业,西北多省(区)都将其列为地方特色农产品,籽瓜具有成为国际化农作物的潜质,近年已经逐渐走向世界。籽瓜耐粗放管理,各地多年的生产中,单产的变化幅度比较大。西北旱作栽培条件下,一般每 667 米^2 单产只有几十千克;在新疆滴灌条件下,多数情况下每 667 米^2 单产可达 150～180 千克。这说明籽瓜增产潜力很大,在摒弃粗放管理后,单产可获得较大的提升。在籽瓜多年产业链条的发展中,形成了许多对于籽瓜产品品质的要求,籽瓜品质性状不断得以提高,并且还有很大的提升空间。我们有理由相信,随着籽瓜研究的深入,随着产业链条的延伸扩展,籽瓜产业的发展将会有一个更为广阔的全球化的发展空间。

近年来籽瓜的种植面积不断扩大,粗放栽培的状况已经得到一定程度的改观,其中新疆的种植面积扩大最快,已成为最大的籽瓜产区。得益于新疆灌溉条件,尤其是滴灌技术的使用,以及集约化、机械化的生产条件,新疆籽瓜栽培逐渐走向了专业化生产。由于国内有关籽瓜问题的研究仅 30 年左右,既不全面,也欠深入,生产中粗放的生产水平与籽瓜产业的蓬勃发展已经形成了一对尖锐的矛盾,开展籽瓜栽培、育种、营养、生态等一系列基础理论研究,显得极为必要与紧迫。

当前,籽瓜在瓜类栽培中占有一定的地位,但缺乏应有的研究,在有关书刊中鲜有较为系统的论述,一般套用普通西瓜资料,这与籽瓜生产发展不相适应。在分析相关研究文献、收集生产单位技术资料的基础上,笔者结合自己多年的一线生产经验和研究资料,较为系统地编撰此书,以满足生产人员之需,亦可供技术人员参考。由于资料有限,水平不足,编写难度很大,只是希望营造依靠科技种籽瓜的氛围,意在抛砖引玉,书中错漏之处难免,敬请读者不吝指正。

编著者

目　录

第一章 绪 论

第一节 籽瓜的起源与栽培历史

作为普通西瓜的一个栽培变种,很少有专门考证籽瓜起源的相关文献报道。从当前世界范围内籽瓜种植的区域分布来看,籽瓜极有可能起源于中国。

我国自古以来就是一个农业发达的大国,土地肥沃,自然条件优越,农产品丰富,人民勤劳智慧,生产技术远远超过邻邦。6 000 年前也有瓜类栽培,其中有一种瓜就是源自中国的"瓜"(暂叫"中瓜")。1959 年,我国考古学家在杭州水畈新石器时代(距今7 000 年左右)遗址中,发现有碳化"中瓜"的瓜子。根据各种资料验证,我国固有的瓜在西瓜未引进之前不论在质量、果型等方面都有很高的价值。而时至今日为什么反降于次要地位而称之为"大瓜"(打瓜、籽用瓜)呢? 概括起来有以下原因:一是"中瓜"退化以至发生返祖现象;二是引进的西瓜原种的含糖量高于我国的"大瓜",并且水多、籽小而少,有市场竞争优势;三是由于瓜农在栽培中没有育种提纯的科学知识,二者掺和混种,不免自然杂交发生变异而品质较差。

据考证,这种瓜确属我国原始品种之一,目前尚盛行江淮下游及兰州、新疆等地。专以收取瓜子为目的,所以俗称籽用瓜。按籽大小分:大金边、小金边、兰州大片等品种。总之,中国自有一种原产瓜,即所谓的"大瓜"确是事实。

籽用西瓜即籽瓜,栽培的目的主要是生产种子,根据种子的

色泽可分为黑瓜子和红瓜子,根据板型(籽粒大小)可分大板
(片)、中板(片)和小板(片)。江西吴城大板,传说早在唐宋年间
就有种植,清朝乾隆皇帝下江南时,到达江西洪都,品尝吴城大板
瓜子后大加赞美,御口亲封"瓜子精",瓜子列为朝廷贡品。江西
省信丰县志记载,1536年就有红籽籽瓜栽培,距今有400多年历
史。甘肃省兰州籽瓜,在皋兰县志载,"又有一种籽瓜,籽黑而大
且多,瓤不堪食,专取其子收之。"以上记载证明,早在200多年以
前皋兰县就有籽瓜种植。

西瓜属植物具有许多相近的形态特点,籽瓜为葫芦科西瓜属
普通西瓜种的栽培变种,具有西瓜属的典型特征。

一年生或多年生植物,蔓生。茎分枝,带软或硬的茸毛,卷须
分2～5叉。叶倒卵形,三裂,稀全缘。花单性或两性。萼片与花
瓣基部合生。花冠黄色,五裂,雄蕊3,成对合生,柱头3,子房下
位,3室。果实为瓠果,多胚,胎座汁多,为可食部分。果实与果柄
不脱落。种子扁卵圆形。染色体数2n=22。起源于非洲。分布
在热带、亚热带、温带地区。野生、半栽培和栽培植物。

同时,《新疆甜瓜西瓜志》、《中国西瓜甜瓜》等书又将籽瓜列
为普通西瓜种下的普通西瓜亚种中一个栽培变种,为原产中国西
北的栽培植物,并进行了下述描述:

籽瓜,茎圆具棱,细。叶小,叶裂片狭窄,深裂。生长势弱。
晚熟。果实圆球形,中、小型果,浅绿色皮常覆有10余条绿色核
桃纹带。淡黄白瓤,味酸,汁多,质地滑柔。食用品质下等,可溶
性固形物含量仅4%,种子大或极大,常为淡黄色底加黑褐色边,
千粒重达250克以上,种仁肥厚,味美,供食用。单瓜种子数可达
200余粒,单瓜产籽65克左右。

籽瓜作为普通西瓜种的一个栽培变种,已经得到较广泛的认
可。目前,世界上籽瓜的主要产区首先是中国,其次是泰国,泰国
籽瓜亦是新中国成立后由甘肃引入。不论是种植面积还是瓜子

的产量,中国均居世界之首。籽瓜盛产于我国西北气候干旱地区,其中新疆、甘肃、内蒙古、宁夏、青海五省(区)为主产区,其面积、产量分别占全国的 80% 和 90%。甘肃省是我国籽瓜著名老产区,已成为甘肃籽瓜主要商品基地,有资料表明,近年甘肃省籽瓜种植面积约 8 万公顷。新疆是近年来发展的新产区,种植范围遍及天山南北,已成为全国籽瓜生产大省(区),近年种植总面积稳定在 13 万公顷左右,并已在塔城、阿勒泰、昌吉等产区集中形成特色产业。内蒙古自治区的赤峰地区、通辽地区、河套地区也种植籽瓜,籽瓜栽培面积约 7 万公顷;宁夏回族自治区以栽培红籽瓜为主,另外江西信丰红瓜子颇受欢迎,安徽、湖南、山东均有籽瓜种植。

籽瓜具有耐干旱、耐瘠薄、适于粗放栽培等特性,可以利用沙荒、红壤丘陵种植,不占用耕地,经济价值较高,是传统出口创汇农产品,也是贫困地区脱贫致富的一条门路。

第二节 籽瓜的类型与品种

一、籽瓜的分类

籽瓜的开发用途较多,但多数仅停留在实验室阶段,仅在甘肃兰州地区有籽瓜汁的规模化生产。当前生产的籽瓜主要还是取籽食用。部分地区有把籽瓜子称为西瓜子的习惯,导致市面上有普通西瓜的西瓜子作为瓜子销售,这种误把打瓜子称为西瓜子的做法,是极不应该的。市面瓜子类的商品除了籽瓜子以外,常见的还有葵花子、白瓜子等。籽瓜种植面积和总产均远远超过各类瓜子类作物。白瓜子是葫芦科作物倭瓜、西葫芦、南瓜等瓜的瓜子,瓜子表面呈白色,故称白瓜子。

赵虎基、乐锦华等(1999)用随机扩增多态 DNA(RAPD)标记方法对籽用西瓜的 8 个品种(系)和西瓜种内其他变种的 4 个品种(系)进行了遗传多样性的检测。结果支持将籽瓜和食用西瓜作为两个变种而同属西瓜亚种的观点,研究结果也支持依种子的颜色将籽瓜分为红籽瓜和黑籽瓜的观点相符。许多研究都表明了籽瓜与普通西瓜在遗传上和植物学形态分类上都有显著的差别。

籽瓜的分类,应用最广泛的是根据种子的颜色和种子的大小进行分类。

总体上,籽瓜可根据瓜子的颜色,分为黑籽瓜和红籽瓜两大类型,白籽瓜(新疆伊犁农科所选育)种植很少,可暂不分类。黑籽瓜种植面积和总产占有绝对优势,但红籽瓜的市场单价较高,籽瓜产地多有红籽瓜的种植。据魏凌基等(1995)进行染色体制片和分析研究,黑瓜子 $2n=2x=22=20m+2sm$,核型为 1A 型;红瓜子 $2n=2x=22=22m$,核型为 IA 型。说明黑籽瓜与红籽瓜在染色体上还有较大的差异。

黑籽瓜的种子称为黑瓜子,黑瓜子外围四周有黑边,黑边内是白色或淡黄色的白心称为"凤眼"或者"眉心"。黑瓜子上黑边的宽窄与浓淡、边缘清晰程度及白心的洁白程度,影响其外表的美观与否,是黑籽瓜外观品质的重要指标,称为"片色相",片色相等级作为衡量黑瓜子色泽美观程度的参数。黑籽瓜种子较大,一般千粒重 100～400 克。黑籽瓜主要在我国西北省区种植,据《甘肃和新疆籽瓜考查察报告》,在 1989 年,甘肃、新疆、宁夏省(区)的栽培面积达 10 万公顷,其中新疆 8 万公顷,甘肃 1.5 万公顷,宁夏 0.3 万公顷,约占全国籽瓜面积的 80%。

红瓜子因颜色红艳,是馈赠亲友及出口外销的传统产品,种子相对黑籽瓜种子较小些,一般千粒重 100～250 克。据兰州市农业科学研究所李金玉等论述,我国年种植红籽瓜 1.3 万公顷,总产量约 1.5 万吨,北方主栽宁夏红籽瓜,南方多栽培信丰红籽瓜。

黑籽瓜与红籽瓜,除了种子颜色、大小、形状显著不同外,在生育期、植株形态、栽培管理上都有明显的不同。红籽瓜生育期短,趋于早熟,生长势弱,分支较多,叶片形态更接近于西瓜。

籽瓜还可根据种子的大小进行分类,分为大、中、小片,黑籽瓜与红籽瓜分别称为黑大片、黑中片、黑小片、红大片、红小片。1999 年,甘肃省园艺学会瓜类专业委员会在《对黑籽瓜一些术语与标准的界定意见》中,对黑籽瓜大、中、小片进行了界定,见表1。

表 1　黑瓜子片型大小分级标准

不同等级	极小片	小片	中片	大片	特大片
平均横径*（毫米）	<8.0	8.0～9.4	9.5～10.9	11.0～11.9	≥12.0

* 用 10 粒籽瓜子横排测量所得的总横径之和除以 10 即得。每个样品测定重复 3 次,重复间差异不超过 0.2 毫米时,取平均值

籽瓜子的收购价格一般以片型大小结合其他品质指标综合确定,一般来说大片价格较高,小片价格较低。由于商业竞争等因素,商业收购的片型标准略高于此标准,新疆多地客商的收购要求已提高到大片的横径≥11.5 毫米,因而有的人将横径 11.0～11.4 毫米的黑瓜子称为"大中片"。

红籽瓜大片可达 10 毫米以上,小片一般 7～8 毫米,片的大小还没有标准化的划分,目前红籽瓜大、小片的划分还是比较笼统的。

籽瓜还可根据生育期分类,一般生育期≥110 天的称为晚熟类型,多是大片类型;生育期 90～110 天的称为中熟类型,多为黑中片和红大片;生育期<90 天的称为早熟类型,多为黑小片和红小片。农业生产中,早熟类型籽瓜是灾后重播与收后复播的作物供选类型之一,因而在西北种植制度中具有特殊的意义。

此外,还有一些不太常用的分类。譬如,根据瓜皮颜色和花

纹进行分类,有黑皮瓜、花皮瓜、白皮瓜、核桃纹皮瓜等;根据栽培特性分类,有抗白粉病籽瓜、抗枯萎病籽瓜、耐旱籽瓜等。

二、籽瓜的品种

籽瓜在长期的产地种植中,经过多年的人工选择与自然选择,形成了一些地方品种,或者称为农家品种。据记载,甘肃省中部干旱地区种植籽瓜的历史已有 200 多年,黑瓜子是甘肃传统的地方产品,国内许多地区种植的籽瓜均由甘肃传入。经过多年的种植,内蒙古自治区也形成了一些优良的黑籽瓜地方品种。

红籽瓜最为著名的地方品种有宁夏红籽瓜、江西信丰红籽瓜等。

这些优良地方品种经过多年的农户选择,表现出适应性好、品质优良、栽培特性与高产性能好等优点。但由于是遗传上的杂合自然群体,生产群体内的单株表现不一,产量与品质表现不一,并且若留种时疏于选择,将导致地方品种的退化,影响了籽瓜生产的进一步提高。

20 世纪 80 年代中后期开始,籽瓜的生产与科学研究发生了较大的变化,不断选育出一系列的育成品种,出现了一批在地方品种基础上选优而成的改良地方农家品种,其中以兰州大片为著名代表。此后,选育出新籽瓜 1 号、新籽瓜 2 号、民籽瓜 1 号、甘农大板 1 号等育成品种,出现了从变异株选育的靖远 1 号、靖远 2 号等优质高产育成品种,后又选配出兰州大板 2 号、林籽 1 号、新籽瓜 5 号、红富贵和吉利等杂交种。

随着籽瓜生产面貌的迅速发展,籽瓜产区审定和登记的籽瓜品种越来越多,反过来又大大推动了籽瓜产业的发展。西北籽瓜产区间相互引种较多,由于籽瓜品种的退化和进一步的后续品种改良,以及栽培条件的大幅改变,在籽瓜生产中,一些品种的原有性状已经发生了变化,和原来的品种特性不尽相符,甚至许多引入品种多年混杂,成了新的地方农家种。根据籽瓜生产的形势,当前籽瓜生产用种中存在的主要问题是良种保纯、扩繁以及品种间的比较和筛选,抗病品种的选育也成为当前籽瓜生产的一个迫切需要解决的问题。

第三节 籽瓜栽培现状与种植发展展望

一、籽瓜栽培现状

有考古证实,远在 6 000 年前中国即有一种瓜的栽培,而有文字记载的红籽瓜栽培约在 400 多年前的江西省信丰县,有文字记载的黑籽瓜栽培约在 200 多年前的甘肃省皋兰县。

20 世纪 80 年代以前,籽用西瓜仅作为地方特色园艺作物,种植面积不是很大;改革开放后,随着外贸进出口的大量需要和种植业结构调整,籽瓜栽培面积开始不断扩大,栽培省(区)开始增多。

甘肃籽瓜生产历史悠久,兰州大板以其籽大、皮薄、口松而闻名于世。在省内形成了二大产区,一是以皋兰县为中心的中部栽培区,包括兰州、靖远、临洮、会宁、景泰等县,多在砂田栽培,靠自然降水,不行灌溉,是籽瓜栽培的老产区;二是河西走廊(武威、张掖、酒泉)栽培区,其中武威的民勤县栽培面积在 6 600 公顷以上,该区在灌溉条件下栽培,是甘肃籽瓜新产区。宁夏籽瓜(红瓜子、黑瓜子)栽培面积为西瓜栽培面积的 1/4 左右,主要分布在宁北的平马、石嘴山郊区、陶乐和贺兰等县市,尤以平罗县栽培历史最长,栽培面积最大,俗称"平罗红瓜子"。新疆维吾尔自治区是近 10 年来发展的籽瓜新产区,1988 年发展到 8.5 万公顷,年产量在 10 多万吨,主要分布在北疆、南疆各处,以生产建设兵团的栽培面积为大。新疆伊犁州察布查尔县、伊宁县,都有 1 300 多公顷的栽培面积。新疆籽瓜种植面积占全国总种植面积的 50% 以上。

据 1999 年甘肃省园艺学会瓜类专业委员会报道,在甘肃省,籽瓜主要产区已由中部干旱地区拓展到河西绿洲灌区,种植方式由以旱砂地栽培为主发展为以水旱塘地膜覆盖栽培为主,种植面积由不足 4 000 公顷扩大到 30 000 公顷以上,单产从旱砂地的不足 750 千克/公顷提高到水浇地的 1 500 千克/公顷以上,商品瓜子大片率由 10% 左右提高到了 85% 以上。籽瓜产业已成为甘肃省不少地区区域经济的支柱产业,其种植面积、瓜子产量和质量、生瓜子与炒货销售量均居全国首位,每年还向其他省(区)供应大量的种子,甘肃省在籽瓜育种、栽培技术、产品综合利用等方面的研究亦居于全国领先地位。

各省统计资料中,籽瓜往往被并入西甜瓜或者瓜果类进行统计,单独的籽瓜种植统计资料较少。新疆由于种植面积较大,籽瓜列入了新疆维吾尔自治区统计年鉴的统计范畴,近几年种植面积相对稳定。据 2012 年新疆统计年鉴,籽瓜种植面积 13.84 万公顷,总产 237 053 吨,平均单产 114 千克/667 米^2。新疆塔城地区、阿勒泰地区、昌吉州种植面积最大,分别为 4.32 万公顷、3.17 万公顷、1.54 万公顷;兵团种植面积 4.06 万公顷,平均单产 138 千克/667 米^2。籽瓜种植面积已经相当于新疆红色产业中工业用番茄和工业用辣椒的种植面积之和,并多分布于自然条件相对较差的经济欠发达地区。籽瓜是新疆经济欠发达地区脱贫致富的主要产业之一,亟待受到更广泛的重视以尽快形成优势高效产业。

新疆籽瓜栽培条件差异很大,旱地栽培、沟灌栽培、滴灌栽培三者并存,多为覆膜栽培,多为不整枝的密植(保苗 3 000～4 500 株/667 米^2)放任栽培。新疆籽瓜单产多在 50～180 千克/667 米^2,红籽瓜产量略低。除人工辅助除草使用少量劳力外,实现了整地、播种、中耕、化防化除、收获脱粒、瓜子清选等田间操作的机械化作业。

新疆栽培有各类型籽瓜,以黑中片最多,黑大片次之,黑小片和红籽瓜相对较少。新疆自育品种种植面积最大的为新籽瓜1号、新籽瓜2号,近年从甘肃、内蒙古等地引进品种较多,如兰州大片、民籽瓜1号、林籽1号、内蒙中片、内蒙小片等,但由于忽视品种保纯与良种繁育,品种混杂、退化现象较重。近年新疆籽瓜白粉病危害严重,令籽瓜种植户十分忧愁,抗白粉病育种与白粉病高效综合防治技术,也成为当前一个急需解决的问题。

二、籽瓜种植发展展望

从近30年来的籽瓜生产发展历程来看,各地籽瓜生产始终处于蓬勃发展之中,无论是种植面积、总产,还是籽瓜子的品质、营销市场等,都处于快速发展之中。这主要得益于3个因素:第一,随着社会经济的发展及对外开放的不断深入,籽瓜子市场需求不断增长,促进了籽瓜种植面积的不断扩大。第二,籽瓜生产的低投入、低用工、较好的经济收益、低收益耕地的高效利用等特点,获得广大种植户的青睐,成为一些地区农户种植项目的首选。第三,高产优质新品种的推广,栽培条件与栽培技术的提高,使得籽瓜产量与品质稳步提高,提升了籽瓜的市场竞争优势与经济收益优势。

甘肃是黑籽瓜的传统产区,生产历史悠久,兰州大片驰名中外。甘肃省在籽瓜育种、栽培技术、产品综合利用等方面的研究亦居于全国领先地位。过去,甘肃籽瓜生产带动了西北籽瓜的发展,将来也必定为全国籽瓜产业的发展发挥十分重要的作用。新疆有着得天独厚的适宜种瓜的气候条件,耕地质量差、缺水,适宜发展籽瓜栽培;同时,新疆的西瓜制种产量很高,也许籽瓜的种子产量也会具有相同优势,这一猜测需要得到进一步的研究证实,但新疆籽瓜单产较高却是不争的事实。近20多年来,新疆籽瓜种植面积稳定增长在 10 万～14 万公顷,成为新疆一个稳定发展的特色经济作物。

籽瓜生产中,政策管理部门、科技人员、普通种植户,都有一些错误认识,严重影响到籽瓜产业的发展。他们认为,籽瓜子作为非生活必需品,作为休闲食品,万一被其他类的休闲食品所取代,或者市场需求变小了,这个产业就会萎缩、消失;有的还认为,籽瓜相比于粮棉油的生产,可有可无,说不种就不种了,没有发展前途,况且籽瓜生产还比较粗放。这些认识导致了对籽瓜产业的严重轻视、忽视,阻碍了籽瓜生产的发展。这些认识必须予以纠正,否则无法正视籽瓜近 30 年来的发展,更无法展望籽瓜发展的未来。

近 30 年来籽瓜的发展证明,籽瓜产业并不会因为社会经济的发展而逐渐减少市场需求。相反,社会经济越是发展,籽瓜子的市场需求也就越大,越是富足休闲的社会,籽瓜子的市场需求也越大。籽瓜子作为非生活必需品,作为休闲食品,并没有被其他同类替代产品所替代。相反,其竞争优势使得籽瓜子不断扩大了市场,改革开放后,籽瓜是第一批被发展起来的经济作物之一。

籽瓜子的市场容量到底有多大? 我们可以通过种植面积、总产量和市场售价来综合分析。逐年扩大的种植面积和不断增长的总产量,说明供应市场的总量在逐年增加,而合适的市场售价说明市场消化产品正处于一个正常的状态。这一切说明,市场在逐年扩大,籽瓜种植业处在一个不断发展壮大的过程中。随着中国融入世界的进程加快,国外籽瓜子市场必然会不断拓展扩大,籽瓜种植业也将获得进一步发展。

当前,我国籽瓜单产还有很大增产潜力。从理论上讲,根据多地西瓜都有单产鲜瓜 10 吨/667 米^2 以上的高产纪录,籽瓜种植中取得这一鲜瓜单产理应更容易,因为籽瓜生产田的叶面积指数远大于西瓜,并且不予考虑西瓜繁杂的果实品质因素。籽瓜生育期长,籽瓜鲜瓜单产预计可以达到 10 吨/667 米² 以上(当前籽瓜田鲜瓜单产 6 吨左右)。如按照 2.5% 的产籽率,则籽瓜子产量应有 250 千克/667 米²,而生产中至今未出现过 210 千克/667 米² 的瓜子单产。一般生产大田的单瓜产籽率在 2.2% 左右,2.5% 的单瓜产籽率并不算高,育成品种当中,靖远 1 号的单瓜产籽率可达 3.4%,靖远 2 号可达 3.6%。

当前,我国籽瓜的品质也有很大的提升空间。从自然群体田间单瓜的调查数据可知,籽瓜子的形态、色泽、片型、饱满度等品质指标的表现很是丰富,从众多籽瓜育成品种的品质指标介绍中也可看出品质表现的丰富,田间不乏品质表现极好的单瓜,也有品质表现优秀的品种。如能做好籽瓜的优质品种选育和良种扩繁等工作,加之规范化、科学化的栽培管理,籽瓜子产品的品质可以获得很大幅度的提升。

籽瓜产品的综合利用是一个重要的研究开发方向,兰州已建成投产籽瓜汁产品生产企业。不久的将来,将会出现更多的籽瓜瓤、皮、籽瓜油等综合加工利用的企业和产品。

许多多年规模化种植的作物,在其发展过程中都会遇到诸如病虫害流行等严重问题,当前新疆籽瓜生产中连年的白粉病流行已经造成严重的损失。进一步加大科技投入,进行抗性育种和病害的综合防治是解决问题的关键。相信随着籽瓜种植科技水平的不断提高,必将克服生产中不断出现的一个又一个新问题,将籽瓜产业的发展不断提升到新的高度。

第二章　籽瓜的生物学特性

第一节　籽瓜植株形态特征

　　籽瓜与食用西瓜是两个并列的栽培变种,同归属于西瓜属普通西瓜种普通西瓜亚种。二者植株形态很相似,未接触过西瓜、籽瓜生产与研究的人,不易分清,而具有相关知识和经验的人绝不会混淆。

　　和西瓜相比,籽瓜植株生长势较弱,分枝多,茎蔓细,叶片较小,叶片裂刻深。坐瓜节位低,易坐果,一般单株可结3～5个果,密植情况下可结1～2个果,果型较小,平均单瓜重2千克,大者达5千克以上。果皮可分核桃纹皮、花皮、白皮和黑皮等几种。瓤为乳白色或淡黄色,肉质细软、多汁、味淡、微酸。果肉含糖量仅4%。单瓜种子量较多,种子大,片型因品种而异。

一、根

　　籽瓜种子发芽时萌发出的幼根称为胚根,其顶端0.6～1毫米处是包被着根冠的分生组织,是进行细胞和组织分化的地方。当胚根伸长到1毫米左右时,胚根细胞便开始伸长,当达到1.5毫米时,伸长速度加快,并在根的表皮细胞生出根毛。与此同时,从根内部中心柱上分化出侧根。在直播条件下,胚根垂直扎入土壤中,发育成为主根。在主根上可分生出许多侧根,一般称为一次侧根。在一次侧根上可以再分生侧根,通常叫作二次侧根(也叫支根)。一般可在主根及侧根上分生出4～5次侧根。在主根和侧根上又可发生许多根毛。主根、侧根和根毛组成了籽瓜的根系。另外,在田间茎蔓长期与潮湿土壤接触时,也会在茎节上分生出许多不定根,其构造和功能与胚根相似。

籽瓜根系随着地上部的生长而迅速伸展。在直播条件下,幼苗出土,子叶展开后,主根上就已分生出 1 次侧根,当 2 片真叶展开时,已分生出 3 次侧根。到地上部伸蔓时,根系生长加速,侧根数增加较快。到坐果前,根系的生长分化及生长达到最高峰。坐果后,根系已基本建成。直到收获前,根系仍缓慢地生长,但这时部分根已经趋于老化,吸收功能下降。

籽瓜不同品种间根系生长状况也不一样。早熟、生长弱的品种,一般根系生长能力差,入土较浅,分布范围也小。而长势强、中晚熟的品种,根系入土深,分布范围也广。另外,旱作瓜田根系入土较深,一般最深可达 2 米左右;水浇田根系入土较浅,分布范围也小,最深可达 1～1.5 米,大部分根系分布在 10～40 厘米土层内,水平分布范围为 1～1.5 米。

生产上,一般 5 片真叶前不进行灌溉,进行蹲苗处理以促进根系的生长发育。果实"定个"后,不进行大水漫灌,以延缓根系的衰老。

二、茎 蔓

籽瓜在茎蔓上着生有卷须,属攀缘植物。茎蔓一般匍匐于地面生长,通常叫作瓜蔓、瓜秧或瓜藤。

籽瓜茎的横截面略呈五棱形,茎的中间有髓腔,髓腔是籽瓜茎蔓的输导组织。籽瓜茎尖俗称"龙头"。在籽瓜茎蔓上着生叶片的地方叫作节。两叶片之间的茎叫节间。在叶节以上 4～5 叶之间,叶片之间的距离很小,节间缩短,成为短缩茎,形成籽瓜植株幼苗期的直立部分。在这数节之后,节间便伸长成为匍匐蔓。节间长度因品种和环境条件而异。一般籽瓜茎蔓的节间长度为

10 厘米左右,坐瓜后节间长度开始变短。籽瓜晚熟品种节间长度大于早熟品种,植株旺长后节间长度变长,缺肥受旱时节间长度变短。籽瓜蔓的直径一般 3～5 毫米,长势强、肥水充足时直径增加,反之减少。如果直径达到 6 毫米以上,就有生长过旺的危险。节间长短与蔓的粗细是生产上正确进行苗情诊断、确定合理管理措施的重要依据。

在第四、第五片真叶展开前,主蔓直立向上,生长极为缓慢;第四、第五片真叶展开后,主蔓伸长速度逐渐加快,随着主蔓的生长,由于茎的机械组织不发达,当蔓长到一定长度时,主蔓便匍匐于地面生长。以后主蔓伸长的速度逐步加快,到开花前后,一昼夜主蔓可以伸长 4～8 厘米。在浇水或降雨后,其伸长速度更快。若主蔓伸长速度每天超过 8 厘米,就会出现旺长,如处理不当则会影响结果。

籽瓜具有很强的分枝能力,每节叶腋都着生有分枝、花芽、苞片、卷须等器官。这几种器官的长势由茎基到茎梢,逐渐减弱。其中卷须是 2～4 裂分叉,通常是 2 分叉。在主蔓上分生出许多侧蔓(亦称子蔓),在侧蔓上可再分生出副侧蔓(亦称孙蔓)。在籽瓜子叶节内,除有主蔓以外还有几个副蔓原基,因此当主蔓受到机械或病虫损伤或危害时,便萌发出几条副蔓,仍能开花结果,但时间稍晚。

一般来说,主蔓每个叶腋内的侧蔓原基都可以发育成侧蔓,但由于有机营养的供应问题,以主蔓上第二至第四节的侧蔓较为健壮,发生早且结果能力强。籽瓜生产上也有进行打杈处理的,一般只留基部的 1～2 条侧枝,其余则通过整枝去掉。

籽瓜主蔓长度一般在 1～3 米,不同品种或栽培条件下长度也不一样。一般生长势强的中晚熟品种,栽培条件较好(如水肥充足时)情况下,则主蔓的长度明显增加。

在籽瓜茎蔓上每一节的叶腋内均着生有卷须。它的作用主要是缠绕物体固定瓜蔓,避免滚秧。它是在该节的花等形成发育阶段,由侧枝原基的外侧基部分化而来的。因此,常将其叫作变态的茎。而卷须的分叉通常称作变态的叶。

籽瓜出现畸形蔓的概率较高,畸形蔓有3种情况。

第一种,扁条:形扁如窄带,宽度约为瓜蔓的2倍或3倍。畸变在主蔓的机会较多,无结果可能,叶节稠、分枝力强。

第二种,对节:籽瓜叶本来是互生的,畸变后枝叶均呈对生,常发生在8～13叶节以后的主蔓,叶节距离较长,其蔓较粗,有时也有坐果可能,但不能长大成熟。

第三种,明条:由于徒长过甚,叶节距离超过正常者2～3倍,主蔓、侧蔓、分枝蔓都有可能发生。虽有坐果能力,但很少有成熟希望,即使成熟,也会瓜小结籽少。明条还能畸变成对节,也有逐渐恢复正常者。

三、叶

叶序是植物正常生长的标志之一,通常以一定数目的叶在枝条或茎蔓上排列成几周来表示。正常生长的籽瓜,每5片叶在瓜蔓上排列成2周。籽瓜的叶分子叶、初叶、真叶3种,下面逐一分述。

(一)子　叶

子叶只有2片,是在种子胚中生长出来的,对生于胚轴顶端生长点两侧,无再生力,是由籽仁脱壳而出的仁瓣转化而成,接受日照产生叶绿素后由白色逐渐变绿色。贮存于仁内的淀粉、蛋白质、脂肪,受酶的作用,在温度、水分、生化作用影响下转化为有机养分,除一部分供子叶本身生长加大叶面积外,主要是为幼苗的生长发育提供充足的养分供应。因而,籽仁的饱满程度直接影响子叶的面积和芽的发育过程。田间戴帽出苗,子叶的一部分卡在种壳内,严重影响幼苗的生长。种子大小和子叶大小呈正相关,一般大片类型籽瓜品种的子叶也较大。待子叶养分耗尽,在真叶长出时,就自行枯萎脱落,从子叶出现至脱落需 20～25 天。

(二)初　叶

所谓初叶,是着生在子叶以上处生长点两侧互生的两片叶,属真叶范畴。但是,因其叶面呈心形,无缺刻,又不同于一般真叶,所以有人把它叫作初叶以区别于真叶;多数人还把它叫作第一对真叶。初叶的表、背两面都生有相当细的茸毛。其在光合作用下所生成的营养物质是助长幼苗发育阶段的唯一生命营养来源,无再生能力,如果护理失调,则全株就有枯死的可能。

(三)真　叶

籽瓜真叶的功能和一般植物叶片一样。叶片缺刻比西瓜的深,裂叶的长短顺序有别于西瓜叶片,比西瓜叶片略小,叶柄比西瓜叶柄稍短,因而籽瓜叶片和西瓜叶片的区别还是比较明显(图 1)。密植条件下单株只有 30～50 片叶。单叶面积因品种和长势而不同,坐瓜后新生的真叶逐渐变小,大片黑籽瓜功能叶片长 16 厘米左右,叶柄长 12 厘米左右。因此,生产大田单层叶幕(瓜秧厚度)35 厘米左右,若再有一层瓜秧爬在该层叶幕上,则生产大田瓜秧厚度在 35～50 厘米,一般密植籽瓜大田瓜秧厚度在 40～45 厘米是最适宜的,田间"龙头"上翘或者爬于下层叶幕上生长,超过 50 厘米则为密度过大或者生长过旺。

真叶由叶柄、叶面两部分组成。叶是互生的,叶柄和茎呈 90°角直立。背面有茸毛,具有完全的输导系统,但多呈圆柱形,无再生能力。柄色呈淡绿色,比茎颜色稍淡,叶柄的长短、粗细因品种不同各异。叶面稍淡,缺刻为五角裂片。叶缘每边缺刻有 2～3 个深裂,每裂片上再生有不规则、深浅不一的羽状分裂,均布有网状叶脉。由于裂片多,蒸发面小,使植株适于旱地生长。

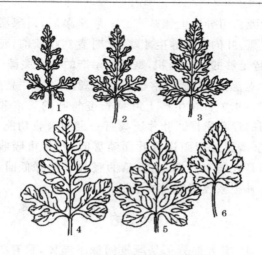

图1 西瓜属真叶叶形的变化

1. 裂片狭长 2. 裂片狭 3. 裂片中宽 4~5. 裂片宽 6. 浅裂叶

（黑籽瓜叶裂片多为狭长的1或者2）

正常叶表面呈深绿色。大多数着生有极细茸毛，触感略显粗糙。叶背颜色较浅，细胞组织粗松，呼吸孔较大。正面也有茸毛，有涩麻触感，有利于预防害虫侵害。

在适当条件下，叶片的生长常受抽蔓期长短的影响。有人观察统计，在植株主要形成时期，平均每天展叶1.43枚。进入坐果期，植株已具有相当大的营养体，营养生长旺盛，每天展叶1.66枚。其后，由于果实的逐渐膨大，植物的营养生长机能逐渐转化为生殖机能，增加对果实的养分供应比率，不仅延缓植株的生长，相应地减弱了叶片的生长和发育。因此，全株叶的全盛时期，乃在于抽蔓至坐果的20~25天之中，同时，植株兴衰也因叶的生长情况发生不断的变化。实践证明：没有繁盛的叶片，就没有健壮的植株，更不会结出丰硕的果实，所以有"种瓜须护叶"的农谚。生产田出现的"塌秧"，实质是叶过早衰老死亡引起的，如白粉病造成的叶片死亡可导致大幅减产。一般坐果后,以果实为中心的生殖生长旺盛,叶的生长速度减缓,此时直到收获前,延缓叶的衰老死亡,保持足够的绿叶面积,是提高单产的一个关键。

籽瓜叶对温度、水肥非常敏感。据观测:叶面"昼展夜合"现象与温度密切相关。在生产上叶柄长度与叶的长度和大小可作为生育强弱的诊断指标。叶片还具有一定的吸收功能,当用一定浓度的氮肥、磷肥或钾肥进行叶面喷雾时,叶片可吸收这些营养元素。特别是在结果后期,当根系的吸收功能降低时,可通过叶面喷肥来弥补根系吸肥能力的不足。

四、花

籽瓜的花,绝大部分都是雌雄同株不同体,只有少数个别植株是两性完全花,其柱头外围及花瓣基部生有雄蕊,这种两性完全花内的雄蕊和雌蕊,均具有正常的生殖能力。籽瓜和对果实品质要求很高的西瓜不同,如能选育出两性花出现比例较高的籽瓜品种,将提高授粉率从而提高坐果率,有利于籽瓜单产的提高。

(一)花 芽

雄花、雌花都产生于茎的叶腋里,每个叶腋只有1朵。籽瓜的花芽分化得相当早,一般在第二片真叶展开后,第一朵花的花芽就开始分化,经20～30天分化完毕。通常情况下,雄花较雌花出现早5～10天,个别植株里也有先着生雌花者。在二者出现比例上,雄花要多于雌花4～6倍。雌、雄花绝不会在同一节位出生,而往往是:雌花出现有一定规律。籽瓜第一雌花出现节位比西瓜要低,某一品种第一雌花出现在第几节位上基本是固定的,多在第五至第七节上,以后每隔4节左右还会出现一朵雌花。而雄花并无固定节位,无雌花的节位都有雄花出现。密植条件下,每株籽瓜出现雌花的数目一般都在8朵左右,每株坐果率只有

1～1.4个。

籽瓜多是雌雄异花,不论是雌花柱头还是雄花的花药上,都有分泌蜜腺,用以招来蜂、蛾、小蚂蚁等小昆虫传粉,所以一般的栽培品种极易自然杂交而产生混杂退化现象。白天温度在 35℃以上时,由于花粉粒表面受灼伤丧失受精能力,故在中午 12 时左右,即本能地合拢花冠一部分或全部。低于 9℃不能正常受精,低于 2℃丧失受精能力,以 18℃～25℃受精最佳,时间以上午 9～11时和下午 16～19 时授粉最佳。籽瓜花的寿命短,一般是数小时。在通常情况下,雌花开花后 2 天即失去受精能力,雄花在开花后 2天花粉即完全丧失生活力。花期遇雨则会在雌花瓣内形成积水,雄花花粉也会膨胀破裂,导致丧失授粉能力。

(二)花 冠

籽瓜花冠多为金黄色或白色,上分 5 个裂片,全张开时直径 3～4 厘米,下端总合于同一花萼上;不论雄花或雌花每片都有绿色花萼承接在花柄上,只是雄花的花萼管较长,着生有白色细软茸毛,柄长 3～4 厘米,雌花的柄极短,仅 2 厘米左右,但随瓜的生长而加长。

(三)雄 花

雄花出现较早,在主蔓的 5～8 节(包括子叶节),在侧蔓上 3～7 节中发生。过早的发生,说明植株属早熟品种,生理上已转化到以生殖为主的生长阶段。这种雄花由于没有雌花开放,不能发生传粉作用,还有待于第一朵雌花的出现。雄花由花萼、花冠 5片组成。

(四)雌 花

雌花由子房、花冠、雌蕊 3 部分组成。花冠开放宽 4～5 厘米,高 2～3 厘米,周围生有短小细毛的柱头。其先端多为三裂瓣唇,与子房内的心皮数相同,其下端为一花瓶状子房,花器成熟后花蕾才开放,在开放的头一天晚上才迅速膨大,待早上 5～7 时红橙光刺激花瓣裂开,但是还要受到品种习性、花期季节、温度、光照等条件的支配。

在一般气温下,雌花都是早上 6 时开放,下午闭合,第二天干枯。若夜温低于 13℃时,就会推迟到早上 8 时前后开放,气温在17℃时,要比 20℃晚开半小时左右。其开放过程大致是在清晨 5时花瓣开始萌动,6～7 时全部展开。如果气温上升至 20℃时,花药逐渐开裂散出花粉,柱头分泌黏液(蜜腺);否则,花药散出花粉可能推迟半小时左右。到 10 时以后,气温若继续升高,11 时花朵就会达到半萎蔫状态;因而每天的 8～10 时,是花粉生命力最强、最旺盛的时间,也是授粉最适宜的时间。只有气温稳定在 20℃左右时,花朵闭合才能相应地推迟 1～1.5 小时。即便是阴天,也只能推迟到 13～15 时,以后花瓣就会本能地闭合。实测证明,10 时以后开的花坐果率不高,若进行人工授粉,必须抢在 9 时半以前才好。

雌花的受精过程,在正常室温下要经 20～24 小时才能完成。在这个长时间内,常受气温和湿度的影响。

五、果　实

(一)果实的组成

籽瓜果实为瓠果,是由子房受精发育而成的。整个果实是由果皮、果肉、种子 3 个部分组成。

果皮是由子房壁发育而成的,最外面一层为密排的表皮细胞,表皮上有气孔,外面包有一层角质层,表皮下面有 8～10 层细胞的叶绿素带或无色细胞,这层即为外果皮;紧接着外果皮是由几层已木质化的石细胞组成的机械组织,这层机械组织的厚薄,以及其细胞木质化程度的差异,决定了不同品种间果皮硬度的差别、裂果的难易;再往里边就是肉质薄壁组织的中果皮,这层组织通常均为无色,组织较果肉细密,水多,含糖量不高,习惯上所称的瓜皮主要是指这一部分。

果肉即通常所说的"瓜瓤"部分,主要是由发育旺盛的胎座组织发育而成。典型的籽瓜子房为三心皮、一室、多胎座果实,一般均为 3 个侧膜胎座,籽瓜果实横切后很容易看到 3 个侧膜胎座。

(二)受精结实的过程

籽瓜从授粉到受精时间较短,在条件适宜时,授粉后 3～4 小时就能受精,如在早晨授粉,花粉迅速发芽,到中午前后花粉管就能达到受精部位。通常种子含量多的果实较大,因为一粒花粉只能为一粒种子受精,所以授粉量要充足,在对整个柱头普遍进行授粉 2 天后,果柄伸长、子房转向下方时,受精的卵细胞进行急剧分裂,胚的这一生长发育过程容易受到营养及环境条件的影响,所以此时是决定坐果与否的关键时期。

当幼果长到鸡蛋大小时,茸毛逐渐褪净,果皮呈现一定光泽俗称"油妞",此时瓜已坐住,一般不会再发生落果。

(三)结实的条件

1. 正常的授粉、受精　影响正常授粉受精的因素是温度、光照和湿度。花粉发芽要求温度在 15℃以上,并具有良好的光照条件,在氮素适宜的情况下,其花生长得比较饱满,花粉的生活力就较强,容易受精。花粉遇到水以后,其生活力变弱,所以籽瓜的花粉和柱头如沾上水就容易失去授粉机会或受精不完全。如在早晨授粉,中午时即可进入受精部位,所以午后降雨和喷洒药剂对它一般不会有直接影响。

2. 营养条件　决定果实能否坐住的关键时间是授粉后的 2～3 天,在这段时间应有较多的叶片数,并尽量延长叶片的受光时间,增加光照强度。在氮素吸收过多、徒长的状态下,同化机能下降，而且由于旺盛的营养生长，会致使花粉生活力、雌花结实力变弱，所以就难以结实，这就必须通过调节肥水来控制。

(四)果实与种子的发育

籽瓜对果实与种子的要求与西瓜有着很大的区别，籽瓜不要求果实的品质，但对种子的要求很高，并且籽瓜的果实与种子的发育有自身独特的规律。

安力(1994)对籽瓜果实和种子生长发育动态进行了研究。将雌花开放后每隔 20 天设置为一个调查时期，共 3 个调查时期。研究主要结论如下：

籽瓜果实在雌花开放后 20 天内体积增长最快，这一时期果实的纵横径平均增长量占果实全生育期总量的 72.45％，花后 20～50 天果实继续膨大，但增长幅度较小，这一时期的纵横径平均增长量为全生育期总量的 27.55％。

雌花开放后 20 天内果实重量增长最快，这一时期重量增长量占生长期总重量的 43.17％，花后 20～40 天内重量增加幅度较小，约占总重量的 20.50％，从花后 40～60 天，重量又有较大幅度的提高，此期的重量增加量占总重量的 36.33％。

在雌花开放 20 天内种子纵横径大小增加最快，种子纵横径平均增加量占种子总生长量的 82.61％，花后 20～40 天，种子增长速度缓慢，直到停止增加。该时期内，纵横径平均增加量只占种子总生长量的 17.39％。40 天左右种子转色，种子逐渐变硬，并开始了干物质的积累。

籽瓜果实及种子的发育有 2 个高峰期。前一高峰期在花后 20 天内，是决定籽瓜果实及种子大小的关键时期；后一高峰期在花后 40～60 天内，是决定种子产量及品质的关键时期。所以，除施基肥和追施伸蔓、膨大肥外，在籽瓜的种植中还应当在发育第二高峰期，即种子干物质积累高峰到来之前追施第三次肥料，以增加种子内干物质的积累,以利于增加种子的饱满度。

何金明等(2002)对籽瓜果实生长发育规律研究后指出,籽瓜果柄在开花授粉后 7 天,其长和粗已达到最大值,为了保证果实的迅速膨大,及早建成较大的疏导组织,可能是瓜类的生物学特性之一;果实充分成熟时,供试 4 个品种的籽瓜果实的干物率相差不大,都在 6.18%~6.64%之间。值得注意的是,果实干物率(果实干物质重占果实鲜重的百分率)包含了种子在内,成熟籽瓜产籽率(干种子重量占鲜瓜重量的百分率)一般在 2.0%~3.8%之间,利用育种和栽培途径提高籽瓜产籽率是实现籽瓜高产的一个重要途径。

就籽壳着色次序观察,果实"定个"前均由籽啄开始,逐渐向籽囊一端由浅变深。籽仁的发育程序和籽色一样,先由籽尖生长点起,然后扩展到籽囊,直到成熟和籽壳饱满。把这种成熟期具体叫作白籽、半仁、大半仁、全仁。种子在果肉内的发育程序,是由近花蒂部分向近瓜柄一端发展,其成熟程序也是近花蒂部分先熟,近果柄部分后熟,每见瓜熟后,近果柄部分仍有受精不完全的白籽,及未成熟的"半截籽"。所以,有种植户在留种时,往往把近果柄部分切除 1/5~1/4 的果肉,不用其籽;甚至有人对近花蒂部分的种子也持怀疑态度。实践证明:只要籽仁发育到大半仁程度,一样可以发芽,只是芽势较弱,难出壮苗。由于子叶贮养量不足,容易造成出苗慢、弱,不抗旱,易干枯死亡。

六、种 子

籽瓜种子为无胚乳种子。其形状为扁平卵圆形,千粒重一般为 100~400 克,根据籽粒横径大小将籽瓜子分为大、中、小片。黑瓜子种子宽而短,种子颜色多为黑边白心,大中片千粒重 240~350 克;红瓜子片形狭长,千粒重 100~250 克,扁平,鲜红色或红褐色。

籽瓜种子是栽培目的物,其大小、颜色、平整度、刻痕与麻点、营养成分、饱满度等,是籽瓜子重要的品质指标,将在籽瓜品质一节中详细介绍。

籽瓜的种子系由受精胚珠发育而来。充分发育成熟的籽瓜种子,由外种皮、内种皮、胚组成。籽壳上端微尖,叫籽尖或籽啄。

种皮也叫种壳,它的木质化程度较高,比较坚硬,空气和水分的渗入非常缓慢,发芽时吸水时间较长。所以,籽瓜播种前可采用浸种的方法,促进种子吸水。坚硬的种皮具有一定的化学稳定性,可以保护种胚不受损伤,使种子得以长期保存。

仁与壳之间隔以透明薄膜,起缓冲作用。种胚也称为种仁,由子叶、胚芽、胚轴组成。在两片肥大的子叶中含有丰富的营养物质,是幼苗进入自养阶段之前,种子发芽和幼苗生长所需能量和物质的来源。种子中脂肪和蛋白质含量较高,发芽需要较多的氧气。因此,吸水不可过多,以免因缺氧而影响种子的发芽或产生烂种。

此外,在种皮的外面还包有一层透明的薄膜,在植物学上称为内果皮,沾在种子上不易洗掉。内果皮中含有一定的糖分,极易吸收周围空气中的水分,在贮藏时必须加以注意。

籽瓜种子没有明显的休眠期,当种子从果实中取出后,在适宜的环境条件下就会发芽。籽瓜种子一般不会在瓜内发芽,田间过熟瓜由于长期暴晒,导致瓜皮疲软、瓜汁温度升高如温水,还可导致种子瓜内发芽,称为"倒芽"。另外,田间老鸹叼食、芦苇穿入、机械损伤等都会产生烂瓜,由于空气的进入和瓜汁中抑制发芽物质的分解,一般都会出现烂瓜内的种子发芽。

籽瓜种子发芽需要一定的水分、温度、氧气条件。由于籽瓜种子有一层坚硬的外壳,不仅使吸水速度变慢,而且对空气的透入也有一定的影响,适宜的种子经硫酸处理,在杀菌的同时破坏了种壳,可促进种子的发芽。籽瓜种子最低发芽温度为13℃,最适宜的发芽温度为 25℃～30℃。

籽瓜种子覆土深度不宜过浅,人工点播时切不可把种子尖端向下,因为在幼苗出土过程中,需要一定摩擦力才能脱去种壳。有时子叶无力挣脱种皮,形成"戴帽出苗",人工"摘帽"容易损伤子叶并且耗费大量劳力。

同一品种,籽粒的大小、饱满程度是直接影响幼苗强弱的重要因素之一。不同品种间的幼苗子叶大小不同,大片型品种的子叶也较大。片型较大的大片品种,易出现灌浆不饱满的种子,这种种子出土后的子叶往往有缺损,子叶不完全,影响幼苗早期生长发育。

第二节　籽瓜生长发育时期及生活条件

与西瓜相比,籽瓜的生育期较长。一般西瓜的生育期多在100 天以内,黑籽瓜大、中片品种的生育期多在 100～120 天。

籽瓜不要求单株只结 1 个瓜,而是任由结瓜,越多越好。结瓜时间不集中,从雌花开放的初花期到盛花期近 1 个月时间内是主要的坐果时期。直到果实生长盛期仍在接近蔓梢顶部开花坐果,但一般不会构成产量。这就使得籽瓜的开花坐果期延长,而采收期一般是一次性采收。

由于籽瓜种子较大,种子灌浆时间较长,单个籽瓜从授粉到成熟的时间也比同等瓜个的西瓜略长。

籽瓜的一生可分为 4 个时期,各时期中有着不同的形态发生、生理作用、生物学要求,同时各生育时期之间又有不可分割的联系。因而在栽培上也必须针对每个时期的不同特点以及前后时期的关系,给予不同的控制或促进措施,以满足各个时期的不同要求,使高产优质的形成过程由前一时期的协调生长,顺利地推移到下一时期的协调生长。

一、发 芽 期

籽瓜从播种到第一片真叶显露（露心、破心、两瓣一心）为发芽期。发芽期内主要依靠种子内贮存的营养,因而种子的绝对重量和种子的贮存年限对发芽率和幼苗质量具有重要影响。

籽瓜第一片真叶出现,表明同化机能开始活跃,植株由异养阶段逐步过渡到以独立自养为主的新阶段。此时苗端已分化出2~3枚幼叶和1~2枚叶原基,下胚轴开始伸长并形成幼根。籽瓜发芽期的长短,在适宜的水分和通气条件下,主要取决于地温的高低,在地温15℃~20℃时,发芽期需7~13天。地温高发芽迅速,地温低发芽缓慢。

子叶是此期的主要光合器官,其光合及呼吸强度都高于植株旺盛生长时期真叶的强度,但它的蒸腾强度却小于真叶的强度。这一时期光合产物的输入中心（即生长中心）是有着叶原基分化的生长锥。该期子叶的光合产物主要供应下胚轴和其本身。

籽瓜种子发芽的最低温度为13℃,最高温度为35℃,最适温度为25℃~30℃。种子出土后,一方面保持适当的土壤温度,满足幼芽生长之需要,并要利用子叶光合能力较强的特点,充分地利用阳光。另一方面,又要控制过高的温湿条件,避免下胚轴过旺生长,促进生长锥中幼苗叶的分化和生长。

籽瓜在种子幼苗出土过程中有时出现"戴帽"现象,种皮不能自然脱落,影响子叶生长和真叶的伸展。其形成原因是种子直插、覆土过薄、表土过干、种胚萌发力弱等,这一现象在大片灌浆不饱满种子中容易发生。

二、幼 苗 期

籽瓜从第一片真叶显露到团棵为幼苗期,团棵是幼苗期与伸蔓期的临界特征。团棵期的幼苗具有4~5片真叶,茎的节间很短,植株呈直立状态,团棵之后随着节间伸长开始匍匐生长,在适宜温度条件下幼苗期需 25 天左右。在此期,中下胚轴的生长趋于稳定,上胚轴自出现后一直保持在 0.3～0.4 厘米。茎轴的生长极为缓慢,期末时的长度仅 2～3 厘米,整个植株呈直立状。光合产物主要供应叶片之生长,植株在积极形成同化面积的同时也在积极地形成庞大的根系。

籽瓜在幼苗期,地上部分生长极为缓慢,而根系生长极为迅速,且具有旺盛的吸收功能。在高温、高湿或弱光条件下,下胚轴和节间伸长,叶片变小,形成组织柔嫩的徒长苗(高脚苗),从而降低幼苗质量和对不良环境条件的适应能力。

幼苗期是籽瓜花芽分化期,第一片真叶显露时花芽分化就已开始,团棵时第三雌花的分化已基本结束。表明影响籽瓜产量的所有雌花都是在幼苗期分化的。所以,为降低雌花着生节位,增加雌花密度,提高雌花质量,应加强苗期管理,为幼苗苗壮生长创造适宜的环境条件和营养条件。

幼苗期应以培育壮苗为中心。培育下胚轴粗短,节间缩短,叶片肥大,叶色浓绿的壮苗。为此,在幼苗期应中耕保墒,提高土壤温度,促进根系发育和花芽分化,防止发生秧苗徒长与生长量不足等不良长相。

总之,植株在幼苗时期完成了幼苗的生长,光合和吸收面积有了较大的扩展,而生长锥和各叶腋中又有叶原基和侧蔓等器官的分化,这都给植株进入一个新的茎叶旺盛生长时期准备了条件。同时,这一时期还开始了花芽分化,为后一时期花器的生长做了准备。

栽培上应进行多次中耕,提高土壤温度,促进根系的生长和侧生器官的分化。同时在播前土壤封闭基础上做好人工除草,促进幼苗早发快长。土层缺水时,应采用"浇小水、浇暗水"的方式进行灌溉,在第二片真叶展开时,即于植株开始迅速生长到来之际,应追施 1 次以速效性氮肥为主的肥料,或者进行叶面喷肥,这将对获得强壮的幼苗起到良好的作用。

幼苗期地上部分生长较为缓慢。出苗后 5～6 天生长出第一片真叶,以后每隔 4～5 天出现 1 片真叶。幼苗期间不同叶位的叶片具有不同作用,出土初期子叶旺盛地进行营养物质合成,子叶本身也在增长,当第三片真叶出现时,子叶的作用已不明显。第一、第二片真叶对幼苗后期生长起主导作用,团棵时它的作用已无足轻重。

三、伸 蔓 期

籽瓜从团棵到主蔓第二雌花开花为伸蔓期。团棵后地上部营养器官开始旺盛生长,茎蔓迅速伸长,叶数逐渐增加,叶面积扩大,孕蕾开花,侧芽萌发形成侧枝,株冠扩大开始匍匐生长,根系继续旺盛生长,分布体积和根量急剧增长。表明籽瓜在伸蔓期的生长发育特点是同化器官和吸收器官急剧增长,生殖器官初步形成,已为转入生殖发育奠定了物质基础。从"团棵"至第一朵雌花开放,在 20℃～25℃的气温条件下,大约经过 18 天,以后每隔 3～4 天开 1 朵雌花。此期叶面积增量要占一生中最大叶面积的 57％以上,主、侧蔓长度增量分别占其终值的 68.93％和 63.16％,由此可见,本时期是奠定植株营养体系的主要时期。

栽培上此期既要提早和加速茎叶的生长,迅速形成面积大、光合强度高的营养体系,以便为果实的生长提供更丰富的物质基础,又要适当地防止过旺的营养生长,以促进生殖生长。为此,一方面应在"团棵"时追施大量的氮肥为主的完全肥料并进行浇水。另一方面,应看苗管理,必要时采用整枝等方法,以控制过旺的营养生长。

此时主、侧蔓之间尚无养分的相互转移。这一阶段,又可以雄花始花期为界限,将伸蔓期划分为伸蔓前期和伸蔓后期 2 个阶段。

（一）伸蔓前期

籽瓜从团棵到雄花始花期为伸蔓前期。此期的生长发育特点是：随着节间伸长开始伸蔓，叶数迅速增加，但单株叶面积较小，出现侧枝并孕蕾开花。该阶段应继续促进根系发育和茎叶健壮生长，扩大同化面积，提高光合效率，以积累更多的同化物质，为花器官的正常发育奠定物质基础。为此，在团棵时应集中施肥并及时浇水，特别是早熟品种更应重视提苗促秧，扩大同化面积。

（二）伸蔓后期

籽瓜从雄花始花期到主蔓第二雌花开花为伸蔓后期。此时根、茎、叶均在旺盛生长，第二雌花正处于现蕾开花之际。为了调节、平衡营养生长与生殖发育的关系，控制植株顶端生长优势，防止茎叶生长过盛而出现"疯秧"，应适当控制茎叶生长，才能促进第二雌花发育，特别是生长势强的品种更应注意控秧，避免由于营养生长过于旺盛而降低坐果率。

四、结果期

籽瓜从第二雌花开花到果实、籽粒成熟为结果期，在 25℃～30℃的适温条件下需 40～60 天。结果期所需日数的长短，主要取决于品种的熟性和当时温度状况，一般早熟品种所需天数较短。

籽瓜在结果期，果实形态将发生"褪毛"、"变色"、"定个"等形态变化，依据上述形态特征可将结果期分为坐果期、果实生长盛期和果实生长后期 3 个时期。

（一）坐果期

籽瓜从第二雌花开花到果实褪毛为坐果期，在 25℃～30℃适温条件下需 4～6 天。雌花受精后子房开始膨大、"倒扭"，表明受精过程已经完成。当幼果长至鸡蛋大小时,果实表面的茸毛开始稀疏不显,并呈现明显光泽,这一现象俗称"褪毛"。褪毛是坐果期和果实生长盛期的临界特征,它表明幼果已彻底坐稳,无异常情况不再发生落果现象,并开始转入果实生长盛期。坐果期茎叶继续旺盛生长,果实生长速度较快,但绝对生长量较小,果实细胞的分裂增殖主要在该阶段进行。

此时果实的生长量很有限,其体积和干重仅达终值的0.8%左右,但此时雌花正处于授粉、受精的过程,是该果实能否坐住的关键时刻。就果实各部分的生长而言,这时果柄已基本建成,其长度、粗度均达到其终值的80%以上。果皮的生长先于胎座的生长,此时期结束时,果皮厚度已达其终值的46%以上,而胎座之半径仅达13%。种子在此时已有雏形,但仅成膜状。由于此期是在抽蔓期已建成强大同化面积的基础上进行的,所以这时茎叶的生长更为旺盛,在短短的几天中,叶面积增量就达其最大值的1/4,主、侧蔓长度增量也占其终值的1/4~1/3。

此时植株主茎基部主要功能叶片之同化产物的输入中心是果实,而主茎顶部和侧蔓功能叶片光合产物的输入中心仍是生长锥,因此可以认为该期植株的生长中心是由生长锥向果实中转移的过渡期。在该期也可视为是植株由营养生长为主向生殖生长为主的转折阶段。随着主蔓上果实的开始生长,而无果侧蔓上的光合产物也开始部分输入有果主蔓,供应果实的生长。

坐果期是籽瓜从营养生长为主向生殖发育为主过渡的转折期,长秧与坐果对营养竞争较为激烈,是决定籽瓜坐果与落果的关键时期。由于此时处于开花坐果阶段,果实生长优势尚未形成,仍以茎叶生长为主体,容易发生疯秧而导致落花落果;如果管理不当或"促"、"控"技术不协调以及降雨较多、浇水偏大,氮肥过量均会引起"疯秧"而降低坐果率。

栽培上应该控制过旺的营养生长,保证光合产物在营养生长和生殖生长之间的合理分配，促进坐果。

（二）果实生长盛期

籽瓜从果实褪毛到"定个"为果实生长盛期，亦称膨瓜期，在25℃～30℃的适温条件下需 18～24 天。"定个"指果实的体积已基本定型，果皮开始变硬、发亮，果实表面的蜡粉逐渐消失等综合表现。此时的生长中心已完全转入果实，而光合产物也主要供应果实所需，同时无果侧蔓上的光合产物有更多的数量转入主蔓的果实中去。总之，这一时期是果实迅速生长并基本长成的时期，而营养生长则十分缓慢。

果实生长盛期植株鲜重或干物质重的绝对生长量和相对生长量最大，其体积和干物质增量占终值的 90％左右。该期是胎座的主要建成期，其直径增量占终值的 78％左右，种子在此期中主要是生长种皮，其干重增量占终值的 85.72％左右，其叶面积增量占最大叶面积的 15％左右，在正常情况下，叶面积在定个前后达到最大值。果实生长优势已经形成，植株体内的同化物质大量向果实中运转，果实已成为此时的生长中心和营养物质的输入中心。果实直径和体积急剧增长，从而进入果实膨大盛期，是决定籽瓜产量高低的关键时期。

果实生长盛期虽然茎叶和果实均迅速增长，但以果实增长为主体。此时对肥水的需要量达到最高峰，应最大限度地满足籽瓜对肥水的需要。肥水供应不足，不仅果实不能充分膨大，也容易发生果实发育对茎叶生长的抑制作用——"坠秧"，并导致脱肥和早衰。

栽培上这一时期要满足植株吸收三要素和需水量最多的需要，也要设法扩大和维持叶面积，延长叶片的活动时间以及增强和维持叶片的光合强度。为此，首先应加强该期的肥水管理。

（三）果实生长后期

籽瓜从"定个"到籽粒成熟为果实生长后期（亦称成熟期），在适温条件下需 10～25 天。果实生长后期植株日趋衰老，长势明显减弱。基部叶片开始枯黄、脱落，叶面积略有降低，果实体积和重量的增长逐渐减慢，最后处于停滞状态。此时主要是果实内部发生一系列生化反应，胎座和种皮迅速地转变为该品种所固有的色泽。种子的胚迅速充实，种皮和种仁在此期中的干重增量约占其终值的 13.20% 和 56.15%，种仁重量主要在此期形成，是籽粒的灌浆期；瓤质变软，果皮变硬，果实表面的花纹明显清晰；种皮着色、硬化并逐渐成熟。此期是种皮着色的关键时期，并且种仁一半以上的重量在此期形成，所以果实生长后期对籽瓜子的色泽、二青板、千粒重影响较大，对产量与品质都有重要的影响。应注意补施灌浆期追肥和叶面施肥，确保籽粒饱满和千粒重提高。

此时茎叶中有部分营养转入果实中。随着养分向果实中大量的转移和累积，叶片的光合、呼吸和蒸腾作用也都大大降低。总之，该期是果实迅速发生质变的时期。

栽培上首先应该积极地使叶面积和其同化能力始终保持在较高的水平上，应轻浇 1 次水，注意排水，并竭力避免损伤叶片，防止蔓、叶早衰。另外，还应采取叶面喷肥等措施来提高种子的产量与品质。

第三节　籽瓜的栽培特性

一、籽瓜对自然环境条件的要求

（一）温　度

籽瓜为耐热作物，在整个生长发育过程中，生长发育需较高的温度,耐热而不耐低温,其生长的适宜温度 18℃～32℃,并要求一定温差,在一定的温度范围内,较高的昼温和较低的夜温有利于籽瓜的生长。

籽瓜营养生长适应较低的温度,结实及果实发育则需较高的温度,因而适期早播可获得高产。籽瓜花粉萌发的适温为 25℃左右,最低日平均温度 20℃～21℃。授粉受精过程需较高温度,以 30℃为宜。较高的温度、充足的日照、适宜的湿度,对于花粉萌发、花粉管伸长、受精胚数目都是有利的;反之,低温、弱光则有一定影响,并可导致不育胚增加。

籽瓜适应大陆性气候条件,需要一定的昼夜温差,日间在 25℃～30℃同化作用旺盛,甚至在 40℃高温下仍有一定的同化效能。夏季地表温度达 40℃以上,籽瓜仍可安全越夏。籽瓜的耐热性还表现在种子耐高温,因此可以利用这一特性进行种子干热处理,加速种子后熟,提高发芽率,杀死种子携带的枯萎病病原,钝化病毒等,从而达到防病的目的。

(二)水 分

耐旱植物一般具有三大类型:一是多浆液植物。如仙人掌、芦荟、某些大戟科、景天科的植物等;二是少浆液植物。如麻黄、骆驼刺等;三是深根性植物。籽瓜是多浆液深根性植物,籽瓜的果实储存了大量的水分,在植株干旱时果实鲜重降低,水分流出到茎叶之中,某种程度上果实起到了"水分库"的作用。

籽瓜拥有既深且广的根系,可以吸收利用较大范围和土壤深层的水分,属旱生作物特性。籽瓜的一生需水量很大,但它又是耐旱性很强的作物,其强大的耐旱力除了其具有地上部的耐旱生态特征外,主要是由于拥有发育强大的根系以及根毛细胞所具有的强大吸收能力。根系的吸水力极强,根压力大,伤流多,籽瓜苗期的凋萎系数较其他旱生作物为低,说明籽瓜根系能更好地利用土壤水分。籽瓜的叶面较大,具茸毛,叶片深裂,具有叶片含水量高、细胞液浓度低、蛋白质凝固温度高、叶绿素含量高、蒸腾强度小、木质部分流强度大等生理特点。籽瓜果实大而多汁,也有调节水分蒸发的作用。籽瓜的原生质对于缺水虽有较高的忍耐性,但是对于干旱,尤其是在需水量最多的膨瓜期内缺水,将影响果实的正常发育,缺水严重时,甚至可以引起落果。因此,在干旱缺水地区或缺水季节,必须及时进行适量补充灌溉,才能促进坐果,获得丰产。

籽瓜要求空气干燥,适宜的空气相对湿度为50%～60%。空气潮湿则生长瘦弱、坐果率低、品质差,更重要的是诱发病害。籽瓜植株不耐涝,一旦被水淹后土壤内含水分过高时,往往由于造成根系缺氧而导致全株窒息死亡。

籽瓜耗水量最大的时期是营养生长旺盛期和果实的膨大期,这是籽瓜对水分要求的临界期,此期如水分不足将严重抑制生长或影响果实膨大,降低产量。

(三)光　照

光照对籽瓜的生长发育、产量形成等极为重要,在其生长发育的过程中,需要有充足的日照时数和光照强度。

籽瓜生长发育需要较强的日照,光合作用光的饱和点较高,为8万勒,光补偿点较低,为4 000勒。籽瓜对光照条件的反应十分敏感,在天气晴朗、光照充足时表现株型紧凑,节间和叶柄较短,蔓粗,叶大而厚实;而在阴雨光照不足时则表现为节间、叶柄长,叶薄而色淡,易染病。

(四)土　壤

籽瓜对土壤条件的适应性广,不同土地类型均可栽培。籽瓜适于在中性土壤中生长,但对于土壤酸碱度的适应性比较广,在pH值5～7范围内生育正常。籽瓜的生长对于盐碱较为敏感,但也有一定的适应性,只有当土壤中的含盐量低于 0.2% 时,才能正常生长。利用新垦地种瓜,草少、病少,故常被作为新垦地的先锋作物。

籽瓜对连作的反应较为敏感。连作可导致土传病害加重,可使某些营养成分过度消耗,使某些籽瓜特需的营养成分缺乏,而有的营养成分则过剩,导致籽瓜发生营养元素缺乏症或过剩中毒现象,影响籽瓜的健康生长。连作使籽瓜自身根系分泌及释放出的大量代谢物质在土壤中不断积累,当达到一定的浓度时,即对同类作物产生毒害性的互斥作用,从而引起连作障碍。

新疆农垦科学院作物所(2013)对连作 1、2、3、4、5 年的田块进行农艺性状分析表明,随着连作年限的延长,籽瓜农艺经济性状有不同程度的降低趋势。籽瓜连作年限与籽瓜主蔓长及籽瓜节数呈极显著的负相关关系,与籽瓜子蔓数也呈负相关;随着籽瓜连作年限的延长,籽瓜瓜数总体呈递减趋势,连作年限对于籽瓜坐瓜节位没有显著影响。

二、籽瓜的"早熟性"及花芽分化

籽瓜第一片真叶显露时,剥掉子叶及第一片真叶,可观察到小而扁平的生长锥,分化的幼叶和叶原基自下而上呈螺旋状依次着生在芽轴上。当花芽开始分化时,生长锥变得明显而突出,呈半圆球形突起,晶莹透亮。

第一片真叶展平时,苗端已有 1~4 片叶,第五叶已分化,并观察到 6、7 叶的原基,同时在第三叶的叶腋内出现雄花原基的突起,此时为籽瓜花芽分化始期。

第一叶展平、第二叶露心时,苗端已有 10~12 片分化成的稚叶,并观察到 13、14 叶的原基。第一雄花原基内部出现花瓣、雄花原基的突起,同时在第八叶的叶腋内出现第一朵雌花原基突起,此时是雌花分化期。

第四叶展平、第五叶露心时，苗端 15、16、17 叶已分化，并观察到 18、19 叶的原基，在 13～15 叶腋内出现第二雌花原基。此时第一朵雌花的花蕾长约 3 毫米，花萼紧紧包围着花瓣，花丝较短，花药形成。第一雌花的花蕾出现花瓣和柱头原基，此时是籽瓜坐果节位雌花分化期。

花芽分化标志着生殖发育的开始，从此进入营养生长与生殖发育并进的新阶段。籽瓜生殖发育开始较早，具有"早熟性"的特点，而"早熟性"又是构成营养生长与生殖发育矛盾的内在原因，这一矛盾一直贯穿籽瓜全生育期，如果处理不当，将引起疯秧、坠秧、落果等生理障碍。

籽瓜的苗期约 1 个月时间，这段时间内幼苗进行着极为重要的生长锥分化。因此，籽瓜的生产一定要重视施足基肥的工作，可能的话，做好种肥和进行苗期的叶面喷肥，同时做好幼苗期的中耕、蹲苗等管理。

三、籽瓜地上部干物质生产与生殖生长的绝对优势

干物质生产量及其在各器官的分配，可以反映植株光合生产能力及其在各器官的积累与转运，从而可以了解各生育时期、各器官的生长发育状况。

籽瓜花芽分化早，生殖生长开始早，生殖生长时间占据一生的绝大多数时间；坐果中期开始急速的果实与种子的生长，此时未挂果的藤蔓也开始向果实转运光合产物，并且营养生长受到抑制导致叶面积开始下降，表现出强烈的生殖生长优势；最终收获时果实的干物质积累量约占地上部分干物质积累量的 65％左右。籽瓜的这些生殖生长特点表现出籽瓜一生的生殖生长的绝对优势，相比其他作物来说，协调好籽瓜生殖生长与营养生长的关系，具有特殊的意义。

何金明(2004)以 4 个内蒙古地区主栽的籽瓜品种为材料,研究了籽瓜各生育时期地上部鲜重、干重的变化。干重结果见表 2。

表 2 籽瓜全生育期地上部各器官干重的增长 *

品 种	干重(克)(%)	发芽期	幼苗期	伸蔓期	结果期		
					前 期	中 期	后 期
通辽一窝蜂	茎	0.014	0.181	2.667	4.597	14.315	15.239
	%	35.000	19.153	28.570	28.464	10.999	10.631
	叶	0.026	0.764	6.019	9.101	26.015	27.782
	%	65.000	80.847	64.478	56.353	19.988	19.382
	果实			0.669	2.452	89.826	101.085
	%			7.167	15.183	69.017	70.522
	地上部	0.040	0.945	9.335	16.15	130.15	143.339
	%	100	100	100	100	100	100
宁夏红籽瓜	茎	0.019	0.360	4.383	11.703	28.308	29.948
	%	28.788	18.711	31.397	31.296	13.746	14.234
	叶	0.047	1.564	9.027	21.228	47.776	48.724
	%	71.212	81.289	64.663	56.767	23.199	23.158
	果实			0.551	4.464	129.868	132.639
	%			3.947	11.937	63.061	63.041
	地上部	0.066	1.924	13.960	37.395	205.942	210.404
	%	100	100	100	100	100	100

续表 2

品 种	干重(克) (%)	发芽期	幼苗期	伸蔓期	结 果 期		
					前 期	中 期	后 期
五原籽瓜	茎	0.024	0.381	5.120	13.908	38.340	38.570
	%	28.235	20.695	35.717	35.699	14.333	13.953
	叶	0.061	1.460	8.517	21.018	51.489	52.480
	%	71.767	79.305	59.414	53.949	19.249	18.985
	果实			0.698	4.033	177.677	185.384
	%			4.869	10.352	66.422	67.063
	地上部	0.085	1.841	14.335	38.959	267.496	276.434
	%	100	100	100	100	100	100
兰州大片	茎	0.030	0.482	6.813	14.849	62.341	63.969
	%	23.077	26.012	33.683	33.684	14.947	14.381
	叶	0.100	1.371	12.365	25.410	91.960	94.329
	%	76.923	73.988	61.131	57.641	22.049	21.207
	果实			1.084	3.815	262.771	286.513
	%			5.359	8.654	63.003	64.412
	地上部	0.130	1.853	20.227	44.083	417.072	444.810
	%	100	100	100	100	100	100

＊摘自何金明(2004)

第一片真叶微露至第五片真叶展开,植株节间短,直立,地上部以叶生长为主。叶干重占地上部干重的比例为 70%～80%,茎干重占地上部干重的比例为 20%～30%,地上部的生长量较小,干重的绝对增长量仅为 0.905～1.858 克,占终值的比例为 0.4%～0.9%。地上部生长速率较慢,日均增长量为 0.05～0.1 克,该阶段历时 17～18 天。

伸蔓期,从第五片真叶展开至结实花(第二雌花)开放,植株节间伸长,由直立生长至匍匐生长,子房开始膨大,地上部以茎叶生长为主。叶干重占地上部干重的比例为 60%～65%,茎的干重占地上部干重的比例为 28%～36%,子房干重占地上部的比例为 4%～7%。地上部的生长量较大,干重的绝对增长量为 8.451～18.374 克,占终值的比例为 4%～6%。地上部生长速率明显加快,日均增长量为 0.561～1.413 克,该阶段历时 12～15 天。

结果前期,结实花(第二雌花)开放至幼果褪毛。地上部仍以茎叶生长为主,叶干重占地上部干重的比例为 53%～58%,茎的干重占地上部干重的比例为 28%～36%,果实干重占地上部的比例为 8%～12%。与伸蔓期相比,叶的相对增长量下降,茎的相对增长量保持相对稳定,果实的相对增长量增加,说明此时果实的生长优势已经形成,植株正由以营养生长为中心向以生殖生长为中心过渡。地上部的生长量较大,干重的绝对增长量为 16.759～24.624 克,占终值的比例为 5%～12%,地上部生长速率较快,日均增长量为 2.394～3.078 克,该阶段历时 7～9 天。

结果中期,幼果褪毛至果实定个,地上部的茎、叶、果均进入旺盛生长阶段。叶干重占地上部干重的比例为 19%～23%,茎的干重占地上部干重的比例为 13%～15%,果实干重占地上部的比例为 63%～70%。与结果前期相比,茎、叶的相对增长量急剧下降,果实的相对增长量急剧增加,说明果实已经成为地上部的生长中心。地上部干重生长量急剧增长,并且达到最大值,干重的绝对增长量为 114.006～372.989 克,占终值的比例为 80%～84%。地上部生长速率也达到最大值,日均增长量为 4.222～10.970 克,该阶段历时 27～34 天。

结果后期,果实定个至种子成熟,植株生长变缓并逐渐衰老,植株进入果实、种子完熟期。与结果中期相比,茎、叶、果干重占地上部干重的比例基本保持不变,地上部绝对生长量略有增加,占终值的比例仅为 2%～9%。该阶段历时 13～14 天。从整个生长曲线上看,发芽期、幼苗期、伸蔓期及结果前期处于生长曲线的迟滞期,历时 50 天左右;结果中期为生长曲线的对数生长期,历时 28～34 天;结果后期为生长曲线的缓慢生长期,历时 15 天左右。

发芽期、幼苗期以叶为生长中心,叶干重在地上部所占的比例由 71.767% 增至最大值 79.305%;伸蔓期、结果前期,植株的生长以茎为生长中心,叶干重在地上部所占的比例由最大值 79.305% 降至 53.949%,而茎干重在地上部所占的比例由 20.695% 增至最大值 35.699%;结果中期果实迅速增长,干重在地上部所占的比例由 10.352% 增至 66.422%,而茎、叶的生长受抑制,在地上部干重中的比例显著下降,植株的生长转到以果实为生长中心;结果后期叶片脱落,茎生长趋于停止,在地上部干重中茎、叶分别占 13.953%、18.985%,而果实则占 67.063%。

四、籽瓜的放任栽培特点

和西瓜相比,籽瓜栽培减少了整枝和果实管理等环节。由于籽瓜对果实的外观、瓤质、贮藏品质没有要求,不要求形成外观、果形、色泽较好的大瓜,也不要求形成口感、质地、颜色、糖分含量好的瓜瓤,因而籽瓜栽培中,不需要烦琐的管理来确保果实的品质。籽瓜对于籽粒的品质有独特的要求,但籽瓜籽粒的品质主要受遗传基因控制,对于栽培条件要求也不高。

多年的籽瓜生产形成了低成本、低投入的粗放栽培管理方式,籽瓜依赖低成本、低投入、耐粗放管理等特点,赢得种植户的喜爱。整枝、果实管理等措施,需要对每个单株进行细致的操作,在目前籽瓜密植高产栽培情况下,大大加大了用工量和生产成本。高密度情况下也使得后期田间操作比较困难,尽管有些地方使用了伸蔓早期打杈整枝的技术,但并未大范围推广。

　　为获得高产,籽瓜普遍采用远高于西瓜密度的高密度种植方式。高密度栽培条件下,籽瓜伸蔓后期就开始藤蔓纠缠、重叠、封垄,不易区分单株,因而不适宜进行以后的单株管理,只能进行群体管理,一定程度上说,籽瓜是群体的生产而不是简单单株生产的累加,这一点更类似于大田作物的生产特点。籽瓜群体生产能力的重要性远远大于单株生产力,因而籽瓜的群体调控、群体质量、群体长势长相等,有必要进行深入的研究以指导籽瓜密植生产实践。

　　一般对籽瓜实行不整枝、不进行果实管理等较低管理水平的生产方式,综合起来叫作放任栽培,或者叫作粗放栽培。这和西瓜栽培方式进行比较是不合适的,因为籽瓜具有自己的栽培特性,籽瓜是籽粒的生产而不是果实的生产,籽瓜是群体的生产而不是单株生产的简单累加。正是在这种放任栽培方式下,籽瓜从旱地生产到水浇地生产,到高密度种植,再到当前的膜下滴灌技术使用,籽瓜的单产从 $30\sim50$ 千克/667 米^2 增加到了目前的 $150\sim180$ 千克/667 米^2。

　　籽瓜植株的生长发育也面临营养生长与生殖生长的矛盾,相比西瓜用整枝、压蔓的方法来协调营养生长与生殖生长的矛盾,籽瓜通过进行化学调控、叶面喷肥、控制灌溉等措施,能更经济、有效地达到群体调控与株型塑造的目标。

　　崔辉梅等(2002),以新籽瓜 2 号为试材,研究乙烯利、缩节胺和多效唑等植物生长调节剂对籽瓜生长发育及产量的影响。结果表明,200 毫克/升乙烯利、150 毫克/升缩节胺和多效唑有使节间缩短、增加茎粗、减少节数的作用。乙烯利对降低雌花节位、提高雌雄比及产量的作用尤为明显。有研究报道,在籽瓜栽培上使用重茬剂(西瓜重茬剂一号),防病增产效果显著,同时能使瓜子千粒重、十粒横径等得到提高。也有研究报道,在籽瓜伸蔓期和果实生长盛期喷施一定浓度的喷施宝,具有增强植株抗病力、提早成熟、增加产量的效果。

第三章 籽瓜的产量与品质

第一节 籽瓜的产量构成因子及相互关系

一、不断改善的生产条件
与不断提高的籽瓜单产

　　生产中,籽瓜的单产增加幅度较快。新中国成立初期,甘肃旱地籽瓜每 667 米² 产量仅 20～30 千克;改革开放后甘肃逐渐形成旱砂田栽培,每 667 米² 产量提高到 50 千克左右;20 世纪 90 年代,甘肃水旱塘地膜覆盖栽培条件下每 667 米² 产量提高到 100 千克以上;2005 年以后,新疆膜下滴灌籽瓜田每 667 米² 产量达到 150 千克左右。籽瓜高产的报道较少,根据当前生产实践,新疆膜下滴灌籽瓜在自然条件和栽培管理都较好的情况下,每 667 米² 产量 180 千克以上还是较为普遍的,并出现了每 667 米² 产量 200～210 千克的生产大田。

　　单产的增加,不仅有生产条件改善的因素,还有新品种育成与推广的巨大推动作用。一系列优质高产品种的育成,在提高单产的同时还进一步开拓了籽瓜子的销售市场,增加了籽瓜种植的经济效益。

　　广大科技工作者围绕籽瓜生产开展的一系列研究,使得籽瓜种植更加科学化,为籽瓜单产的提高做出了很大的贡献。比如,大量的密度试验与株行距配置试验,使籽瓜的种植密度从每 667 米² 1 000 多株增加到 3 500 株左右,株行距配置进一步合理;大量的品种比较试验为当地筛选出适宜的品种;产量构成研究及构成因子关系的研究,为提高单产指明了方向等。

二、籽瓜产量构成因子及相互间关系

(一)籽瓜产量的构成

对籽瓜产量构成因子的研究表明,每 667 米^2 株数、单株坐瓜数、单瓜平均重和鲜瓜产籽率是构成籽瓜种子产量的因子。也有用每 667 米^2 株数、单株坐瓜数、单瓜产籽量作为产量构成因子的。

根据生产调查,高产田的产量构成一般为,每 667 米^2 保苗在 3 500 株左右,行距 0.8 米,结果 3 700 个左右(合 5～6 个瓜/米^2),产鲜瓜 6 000～7 000 千克,单瓜重 1.8～2 千克,单瓜产籽率 2.2%～2.5%,单瓜产籽量 50 克左右,则每 667 米^2 产量在 150 千克以上。

对籽瓜密度和株行距的配置研究的较多,由于品种、栽培条件、地区间的不同,研究结论不尽一致。一般认为,籽瓜栽培密度每 667 米^2 以 3 000～4 000 株为宜,大片品种和肥地宜稀植。依据籽瓜的坐瓜节位(约为 8.3 节),行距以 0.8 米为宜,以免影响籽瓜的授粉。

高密度种植条件下,尽管有一定的空秧率,但籽瓜的单株坐瓜数一般都能超过 1 个。虽然籽瓜的坐果不成问题,但每个籽瓜子都需要一粒花粉受精,授粉的好坏影响果实的产籽量和产籽率。根据大瓜产籽量高、籽瓜千粒重较稳定的原理,授粉不好的果实籽粒少也影响单瓜重。一般产籽 500～600 粒的单瓜,柱头需要花粉 1 000 粒左右。

黑籽瓜、红籽瓜,大、中、小片籽瓜,单瓜平均产籽数都不同,一般黑籽瓜大片单瓜产籽 150～200 粒,千粒重一般 250～350

克。黑籽瓜大片巨大(单瓜重 8~10 千克)的单瓜最高可产籽 500 粒以上,黑籽瓜中小片最高可产籽 700 粒以上。单瓜产籽率是单瓜干籽产量与鲜瓜重量的百分比,与瓜个的大小有关,也与授粉和品种有关。

(二)产量构成因子间的关系

陈年来等(1995)研究指出,一定密度下,单株坐瓜数和单瓜平均重极显著相关,随着瓜的数目增多,瓜个变小。可见,提高鲜瓜单产是提高籽瓜子单产的第一个关键,而要提高鲜瓜单产,必须打破叶面积指数与籽瓜源库关系的限制。

鲜瓜产量与产籽量亦呈极显著相关(R=0.99),鲜瓜产籽率主要受单瓜重的影响。可见,提高鲜瓜产量就能提高籽瓜子的产量。

籽瓜单瓜重与瓜子横径和千粒重之间无明显相关性。王洪礼等(1994)也得出这一结论,表明瓜子的大小主要由品种遗传特性所决定,只要瓜达到生理成熟,同一品种的瓜子大小相对稳定,不随瓜大小而变化。

籽瓜是适合密植的瓜类作物,虽空秧率总是随密度的增加而升高,但在每 667 米² 栽植小于或等于 3 500 株的密度范围内空秧率并不很高,即使每 667 米² 达到 4 600 株时,平均单株坐瓜数仍在 1 个以上,表明籽瓜的坐瓜能力在高密度下也很强。籽瓜的单瓜重随密度的增大有较大幅度的下降,说明营养面积对单瓜重影响较大。鲜瓜产量高无疑是获得高产籽量的基本保证。

三、籽瓜的源库关系

"源"是指制造并向其他器官提供光合产物的器官,就籽瓜而言主要指功能叶片。"库"则是指消耗或累积光合产物的器官,一般指幼嫩组织或贮藏器官(果实)。源向库提供的光合产物,通过输导系统——"流"输送到库。源、流、库是作物产量形成生理过程的 3 个主要环节,其数量和机能的相互协调是籽瓜高产的生理基础。籽瓜果实发育依赖叶片的物质供应,果实发育程度取决于叶片对果实的物质供应数量,果实与功能叶片具有密切的源库关系。

籽瓜产量的高低,取决于同化产物源与库的及时形成及其物质合成、调配等关系。物质库中同化产物的输入和积累受源所控制,源的多少和大小对库贮起调节作用;相反,库容大小对源同化产物的形成与分配也起反馈调节作用。

籽瓜源产物的积累反映植株的同化能力。籽瓜叶面积大小对果实发育具有明显影响,特别是进入果实生长盛期,库容量迅速增加,对源产物的需求量增多,同化产物充足供应,果实才能充分膨大。因而在果实生长盛期保护功能叶片,延长叶的功能期,促进果实库的扩大与充实是籽瓜高产优质的关键。生产中,白粉病等病害造成叶片过早衰亡,是籽瓜减产的重要原因。

防止疯秧、落果,提高坐果率是籽瓜高产的前提。营养生长与生殖发育失调是疯秧、落果的外在表现;其内在生理原是果实库容与茎叶库容相差悬殊,源产物分配失调所致。因为开花坐果期果实库容量小,而旺盛生长的幼嫩茎叶库容量大,容易导致源产物被茎叶库过度吸引而疯秧,果实库因源产物供应不足,影响幼果正常发育而脱落。

目前,籽瓜源库关系的资料较少。多大的叶面积能承载多少的籽粒、承载多大的瓜重?籽瓜生产应建立怎样的群体结构才能获得相应的产量结构?各生育时期应建立多大的群体(叶面积、蔓长、坐瓜数、鲜瓜单产动态变化)?鲜瓜单产的增产潜力有多大?这些都缺乏理论上的指导,影响了籽瓜生产中的群体调控与产量潜力的发挥。

目前所知,籽瓜的源库关系可能与西瓜的相关研究大相径庭。第一,籽瓜不需要整枝、压蔓;第二,籽瓜的密度、鲜瓜产量、叶面积指数都大于西瓜;第三,籽瓜需要的是种子的产量,果实产量并不与种子产量总是成固定的比例。

我们可以从西瓜的源库研究实例来看籽瓜源库研究的重要性。乜兰春(1990)研究表明:西瓜双蔓整枝每株留1个果实,已充分调动了源的同化功能和对果实库的物质供应能力,而增加单株留果数,单位面积产量不能相应提高。表明增库的增产效果较小,而增源对提高西瓜产量具有显著效果。

四、高产籽瓜田的施肥

籽瓜对营养元素的需要量,是生产上确定适宜施肥量的基础,相关研究为籽瓜的施肥提供了指导与参考。

吕国华等(1994)根据籽瓜各生育阶段体内氮、五氧化二磷、氧化钾含量的变化情况得出,甩蔓期、幼瓜膨大期是籽瓜一生中重要的追肥时期,在甩蔓期偏施氮、磷肥,以促进叶片肥大,加强同化能力,促进花蕾形成。幼瓜膨大期和软白籽期应偏施钾肥,以促进籽粒饱满,提高产量。

依据拟合的肥料效应方程,籽瓜每产100千克商品瓜子需纯氮为9.4千克,五氧化二磷为5.6千克,氧化钾为12.8千克。每667米² 最大氮肥施用量为22.7千克,折合尿素为49.4千克,每667米² 最高产量为226.9千克。

赖丽芳等(2007)对籽瓜钾肥施用做了研究。结果表明,施钾改善了籽瓜的单瓜重、单瓜瓜子重、单瓜产籽数、产籽率、瓜子百粒重及纵横径和出仁率;施钾提高了籽瓜产量,与不施钾比较,施钾后,瓜子产量增加157～230千克/公顷,增产幅度9.2%～13.5%;籽瓜最高产量与最大利润的钾用量为135千克/公顷。

胡志桥等(2008)采用田间试验方法研究氮、磷、钾不同配比和磷的不同用量对籽瓜经济性状、产量和经济效益的影响。结果表明,氮、五氧化二磷和氧化钾的用量分别为 150、150、90 千克/公顷,籽瓜的产量、经济性状和经济效益表现最好,比不施氮、磷、钾肥的各处理分别增产 25%、33% 和 5%;有效提高了单瓜重、单瓜籽粒数和籽粒重,并减少了白籽率,推荐最佳施磷量为五氧化二磷 150 千克/公顷。

张占琴等(2012)研究表明,氮肥和磷肥对籽瓜产量影响显著,钾肥对籽瓜产量影响不显著。在试验条件下,氮、磷、钾的最佳组合是氮 90 千克/公顷、五氧化二磷 150 千克/公顷、氧化钾 120 千克/公顷。

五、高产籽瓜田的灌水

籽瓜为耐旱作物,然而西北地区干旱少雨,要取得高产还是需要进行适当的灌溉。生产中各地具体情况不一,籽瓜灌水情况也不统一。一般有条件的地区,都会在团棵时进行第一次灌溉,伸蔓后期进行二次灌溉,果实生长盛期灌溉 2 次,果实生长后期灌水 1~2 次。灌溉条件较差的地区,首先保证果实生长盛期浇水,如还有可能,在伸蔓后期再浇水 1 次。

蔡焕杰等(1996)研究表明,籽瓜产量与耗水量之间存在二次抛物线关系。为了达到节水高产的目的,籽瓜全生育期的耗水量应在 197.2~273.3 米^3/667 米^2 之间。民勤籽瓜的最佳灌溉定额为 150~180 米^3/667 米^2,根据灌水经验,籽瓜灌水定额一般为 30 米^3/667 米^2,因此,籽瓜全生育期需灌水 5~6 次。

新疆塔城市膜下滴灌籽瓜,全生育期共滴水 6 次,总用水量 118 米^3/667 米^2,平均每遍滴水 19.6 米^3/667 米^2。伸蔓后期浇头水,此后每隔 5~10 天浇 1 水。晚浇头水有利于增加植株抗性。

六、籽瓜流行性病害与杂草危害

籽瓜病害较多,一些病害在产区造成大面积坠秧、死蔓,导致严重的减产,甚至带来毁灭性打击。必须树立"成在植保、败在植保"的理念,高度重视籽瓜病害的综合防治工作。同时,开展籽瓜抗病育种,为生产提供优良的抗病品种。

杂草对籽瓜田带来多方面的危害,坐瓜后田间封垄,栽培操作难以进行,生产中常见到因杂草林立而种植失败的籽瓜田,因而要重视杂草的有效防除。

七、如何提高籽瓜单瓜重

高密度栽培条件下,一般单瓜个数为 3 500～4 000 个/667 米^2,单瓜重 1.5～2.0 千克。有的生产大田,4～5 千克的大瓜出现比率较高,甚至 7～10 千克的大瓜也占一定的比例,单瓜重具有较大的增产潜力,是提高籽瓜单产的一个重要方向。高密度栽培条件下,提高籽瓜单瓜重的途径有:

第一,选用大片型品种容易得到大瓜。但大片品种一般较晚熟,品种选用时要考虑积温条件。

第二,避免重茬、迎茬。未种植过瓜类的耕地更好,一般可获得较大的籽瓜单瓜重。

第三,深耕的田块籽瓜大。有大马力拖拉机耕地条件的,可以多调大耕深,可不顾虑犁底层生土的危害,因籽瓜具有耐生荒的特性。

第四,增施农家肥能有效地增强籽瓜的抗病、抗虫、抗旱、抗涝、耐热、耐寒及坐果能力,进而提高籽瓜的个头,达到丰产稳产的效果。

第五,理想节位的瓜个头大。第一雌花坐果较小,而且过早坐果影响籽瓜的营养生长,一般主蔓第二、第三雌花坐果较好,可用水肥等调控措施化掉第一雌花。

第六,大肥大水籽瓜个头大。所谓大肥就是以农家肥为主,化肥为辅,每 667 米^2 施农家肥要达 2 500 千克,化肥氮、磷、钾分别要达到 50 千克、50 千克和 25 千克。以基肥为主,追肥为辅,基肥占整个用肥的 60%,伸蔓肥占 10%,膨瓜肥占 30%,注意农家肥与化肥一定要合理搭配,注重施用膨瓜肥。所谓大水就是指膨瓜期间,瓜地一定要保证有足够的墒情。

八、籽瓜发生空秧的原因与预防

籽瓜空秧就是籽瓜植株上没有坐住瓜。尽管高密度栽培条件下,空秧的比例只有 5%～10%,并且单株坐瓜率都会大于 1,但是空秧后植株营养生长旺盛,除自身不挂果减产以外,对其他植株的生长还会造成较大的郁闭。

当前生产上,空秧主要是肥水管理不当造成的。肥水不当造成植株营养生长过旺或过弱,都影响坐果。因此,在坐瓜前,施用肥水要适度才能提高坐瓜率。伸蔓至膨瓜期则重追施磷、钾肥,少施氮肥,可适当喷施多菌灵及多元素微肥,加强田间管理及时防治病虫害,以保证植株壮而不旺、壮而不弱。

扁条、对节、明条均会造成空秧,这些畸形蔓早在第一、第二片真叶展平时就已分化完成,到底是遗传原因还是环境条件原因造成畸形蔓,目前还不清楚,还需要进一步地研究。

花期阴雨、低温,会造成授粉受精困难而形成空秧;喷药要错过早晨花朵绽放期,在下午进行,并且坐果期慎用杀虫剂以免影响昆虫授粉。

第二节　籽瓜种子的品质

籽瓜的主要产品是种子,随着外贸和国内市场竞争的需要,对籽瓜子的品质提出了要求。随着籽瓜产品的综合开发,其瓜瓤品质(食用与制汁)、榨油品质等,也将逐渐得到研究开发。

黑瓜子以黑边白心的较为美观,其中对黑边与白心的比例以及色泽深浅,又进行了区分;籽瓜子的大小历来是籽瓜子分级的重要标准,其中最主要的是籽粒横径,其次考虑籽粒的纵径、纵横径的比例;籽粒凸凹不平或者折叠称为翘片,会影响种仁的取食,翘片率也是籽瓜子的一个重要品质指标;籽瓜子外观有刻痕而形成花片影响籽粒的外观,外观有麻点形成麻片影响籽粒的外观和风味,种子不成熟即采收导致种子的一部分未着色形成二青板,均可降低籽瓜子的品质。花片、麻片、二青板的存在和百分率是籽瓜子品质的重要指标。

红籽瓜种子的品质主要是种子色泽和种子大小,其翘板较少。红籽瓜种植面积较小,品质研究较少,这里以黑籽瓜品质进行介绍。

一、黑瓜子片型大小的划分标准

甘肃省标准管理局于 1986 年批准颁布的"黑瓜子栽培技术规范"中,附有黑瓜子商品分级标准。其分级依据为统货中大片、中片、小片及畸形子的比例,大、中、小片的划分按瓜子的横径而定,其标准分别为 1 厘米以上、0.95~1 厘米和 0.85~0.95 厘米。在 20 世纪 80 年代,这个对黑瓜子大小的分级标准基本是适用的。

出口黑瓜子检验规程(SN/T 0229.2—1993)中:特大片,指 10 粒排列宽度≥11 厘米的片;大片,指 10 粒排列宽度为 10~11 厘米的片;中片,指 10 粒排列宽度为 9~10 厘米的片;小片,指 10 粒排列宽度为 8~9 厘米的片。

中华人民共和国农业行业标准(NY/T 429—2000)中,要求黑瓜子 10 粒横排≥11 厘米。

甘肃省园艺学会瓜类专业委员会(1999)指出,由于片型大小分类与不断发展的生产实际有较大的差距,其实商业上所谓的大片,其横径多在 1.1 厘米以上,并且无统一的标准。为符合黑瓜子生产的实际,建议增加黑瓜子片型大小的划分级次,将 10 粒横排＜8 厘米的归为极小片,8～9.4 厘米的归为小片,9.5～10.9 厘米的归为中片,11～11.9 厘米的归为大片,≥12 厘米的归为特大片。

随着生产的发展与商业要求的提高,当前生产实际与商业收购中,将 10 粒横排≥11.5 厘米的瓜子作为大片。生产与收购中自发出现了将 10 粒横排在 11～11.4 厘米的瓜子称为大中片的叫法,收购价格略高于普通中片。

可见,市场对于黑瓜子片型大小的要求比较热切,并且要求不断提高。片型大小主要和品种遗传有关,通过品种选育和良繁推广可以解决这一问题,不少品种的片型都符合 10 粒横排≥11.5 厘米的要求。但是大片型籽瓜种子,其千粒重也大,种仁率低,整齐度差,发生翘板、瘪仁的情况也较严重,一般生育期较长;中小片型种子则相反,千粒重较小,但种仁率较高,种子大小较整齐,翘板率、麻片率较低,一般生育期较短。因而,培育克服以上缺点的大片型籽瓜品种,还需要付出更多的努力。

黑籽瓜片型大小还受到栽培条件的影响,只是影响较小。一些籽瓜肥料营养和植物生长调节剂应用的研究,都证明对于瓜子大小有影响。因而,要生产优质大片型种子还需配套相应的栽培措施。

二、片型指数与片色相

瓜子取食时,横径大小显得较为重要,但瓜子大小不仅与其横径有关,其纵径也是瓜子大小的一个方面,并且纵横径的比值也影响到瓜子的外观。片型指数指瓜子纵横径的比值。

黑瓜子大片的 10 粒纵排多在 15～20 厘米之间,可见纵径的变化幅度也较大。横径一定的瓜子,其纵径大的一般籽粒显得较大,千粒重也高。

　　黑瓜子上黑边的宽窄与浓淡、边缘清晰程度及白心的洁白程度，也影响其外表的美观与否，可用片色相这一术语表示该性状，并以表3规定的标准度量籽瓜品种瓜子上述性状的优劣程度，即将片色相等级作为衡量黑瓜子色泽美观程度的参数。

表3　黑瓜子片色相确定标准

级　别	黑边白心的特征
1	黑边细而均匀，边缘清晰，白心洁白，白心横径大于全子横径的60%
2	黑边较细，较均匀，边缘较清晰，白心较洁白或略偏黄，白心横径占全子横径的40%~60%
3	黑边粗，不均匀或边缘不清晰，白心部横径小于全子横径的40%

　　片型指数与片色相，是两个较为重要的品质指标，只是因为较为复杂，在生产、销售、品种描述中，将其笼统纳入外观的概念内。片型指数与片色相，主要受遗传基因控制，需要从品种选育的角度来提高。

三、畸形片与不完善片

　　瓜子畸形片与不完善片的种类较多，形成原因各异。生产与商业常用的畸形片名称有翘片、花片、麻片，常用的不完善片名称有黄片、二青片、白籽。

(一)翘　片

　　翘片是生产、科研中用来称谓瓜子表面不平整、有翘起或下陷斑及扭曲现象的术语，可分为重翘片、中翘片和轻翘片。重翘片板面中间凹陷成槽或扭曲成团，极难嗑开，种仁不能整取；中翘片板面有2处以上翘起或1处下陷斑，直径大于或等于2毫米，难嗑食，种仁难整取；轻翘片板面1处轻微翘起易嗑食，种仁能整取。

　　种子在晾晒过程中未能及时翻动,接受光温条件不均匀,导致失水不均匀而造成翘片。另外,在晾晒过程中遭受雨淋也会发生翘板。再有,由于授粉受精不良和营养不足,胚珠发育不正常,个别种子在果实内就发生了翘板。在种子的商品加工过程中,烘干时由于受热不均及机械挤压,也会造成翘板。翘片也是一个品种遗传特征,籽瓜育种中一些翘片出现比率高的高代品系,显示出后代果实中翘片率高的遗传特点。

(二)花　片

　　商品籽瓜子及种子中均有表面具天然龟裂纹者,其出现的比率因品种而异,且每个瓜子上龟裂纹的数量、长、宽不等,其食用品质与正常瓜子无明显差异,对这一性状用花片称谓。

　　结合西瓜的报道资料和籽瓜育种的实践,瓜子刻痕是一个遗传性状。肖光辉(2007,2012)译注与综述中指出,西瓜种子裂壳基因 cr 控制裂皮种壳性状;籽瓜育种实践中,我们也筛选出花片籽瓜品系,花片籽瓜品系籽粒较大(10 粒横排 13~15 厘米),翘板率高,生育期长。

(三)麻　片

　　籽瓜子中还有因采收前果实腐烂或晾晒过程中遇阴雨天气不能及时晒干,而使表面全部或部分密布蜂窝状或针眼状斑孔、刻纹者,其种仁有苦味或异味,无食用价值,对此类瓜子称麻片。

(四)黄片、二青片、白籽

　　由于籽瓜单瓜种子量、单个种子体积比普通西瓜大,生育期也长,故种子在发育形成过程中常有中途停育现象,导致部分瓜子种皮不完整,黑边不黑,种仁不完整或缺少,而且还有籽粒越大的品种停育籽(发育不良)比例越高的趋势。对这些停育籽,商品上以其发育程度的高低使用黄板、二青板、白籽 3 个术语。黑瓜子黄片、二青片和白子划分标准如表 4 所示。

表 4　黑瓜子黄片、二青片和白子划分标准

名　称	种皮完整程度及色泽	种仁发育情况
黄　片	黑边部分有一处以上黄斑,黄色部分面积小于或等于黑边总面积的 1/3	种仁发育正常,仁重正常或稍低
二青片	种皮边缘呈棕色或黄色或缺少 1/10 以内	种仁发育不完整,但达正常籽的 1/3 以上
白　籽	种壳呈白色或棕色	种仁缺乏或不及正常籽的 1/3

　　种子的成熟度和瓜的成熟度是同步的。研究表明,"定个"前种子的籽壳只发育到种子定型,有色种子只着色一半;籽仁刚发育成具有生长点的籽及中枢组织的轴心,子叶还是薄薄的 2 片,"定个"后才达到"半仁",虽然也具有发芽能力,但发芽势弱,成活力低,出苗慢,畸形苗。进入熟瓜期以后,籽仁才由"大半仁"逐步成长为"全仁",营养成分逐渐充实,籽色由白色初步着色到全部着色,籽壳变硬。"全仁"后的种子还未达到生理后熟程度,虽然具有发芽能力,但是管理中为了使种子长出壮苗、出全苗,必须用足熟瓜子作种子。种子成熟的次序是中间部位、花蒂端、花柄端。因此留种时舍去两端只留用中段籽,两端籽作为备用种子。至于熟籽的鉴定方法,可将籽壳嗑开取出籽仁用嘴试一试,足熟的仁尖尖锐,刺舌发痛,仁肉发甜、发香、坚实;否则仁尖软,无刺感,舌感发涩,清脆,无香味的是未达足熟的种子。

　　出口黑瓜子检验规程(SN/T 0229.2—1993)还列出了其他不符合商品要求的籽粒。破碎片:种皮破裂或合线开裂露出子叶,或失去整粒 1/5 以上剩余部分尚未变质的片;霉片:种皮破裂后,子叶生霉的片;萌芽片:种胚萌动,已突破种皮的片;异色片:混入本品种的其他色泽的瓜子;小片:指宽度小于本批片型的片;污染片:种皮被外来物质黏附或污染面约占整粒表面积 1/2 以上的

片;虫蚀片:被害虫蛀食伤及子叶,或附有虫絮、虫体及排泄物,但尚有部分使用价值的片;渗油片:子叶断面呈半透明状或明显变色的片。

四、瓜子的气味与含水率

商业收购与销售对瓜子的气味和含水率都有要求,一般要求具有本品种应有的气味,无霉味或其他异味,瓜子含水率≤8%。

籽瓜种植中一般是一次性采收,一些果实由于过熟、日灼、机械损伤、霉变等因素,采收时种子已经芽变或者形成麻片,并有臭味,严重影响了瓜子品质,建议收获时拣出这类瓜,人工单瓜掏籽确定是否整瓜遗弃。

含水率关系到瓜子的运输和仓储,含水率过高易引起霉变。一般交售要求瓜子含水率≤10%,瓜子加工前含水率≤12%,而种子仓储需要含水率≤8%。

第四章　籽瓜的育种与良种扩繁

第一节　籽瓜生产用种情况

籽瓜是我国特有的栽培植物,国内多地都有自己的地方品种,其中以兰州大片和宁夏红籽瓜最为著名。20世纪80年代以来,迎来了籽瓜的大发展时期,籽瓜的品种选育也率先于籽瓜的其他相关研究,由此时开始在多地展开,并相继育成一批优质高产的著名品种。

此后,籽瓜种植区域和种植面积不断扩大,生产水平不断提高,而同时品种退化与混杂的问题也逐渐突出。为解决生产用种的问题,地区间引种变得较为频繁,又进一步加剧了品种混杂的问题。

籽瓜很多年都使用农家种生产,自留种种植的习惯根深蒂固。由于早期育成品种都是从地方品种中进行系统选育育成的常规品种,看似给自留种种植留有了余地,但异花授粉作物的优良品种不适宜自留种种植。籽瓜为异花授粉作物,极易发生品种的退化与混杂,许多籽瓜产区没有严格的良繁体系,是品种退化与混杂的主因。

由于籽瓜品种的严重退化与混杂,不同时间、不同地域、不同研究报道的同一品种的性状,都具有较大的差异。优良育成品种的许多优良特性在许多种植区都已退化或消失,又形成了籽瓜自然群体,逐渐被称为各地的地方农家种,譬如新疆称之为的内蒙中片、内蒙小片、塔城小片等。

由此可见,籽瓜优良品种并不缺少,但由于缺乏良繁体系,造成了生产上无良种可用的困窘局面。

据报道,新疆兵团第十师农科所(2009)对民籽 1 号提纯复壮,从株型、叶型等方面进行田间调查发现,田间有 20%以上的植株不符合民籽 1 号植株特性;从收获籽粒性状上调查,有 30%以上的籽粒不符合民籽 1 号籽粒特性,大片中混杂有中片甚至小片,严重影响到瓜子的收购等级。

新籽瓜 1 号是新疆最著名的籽瓜品种,之所以能较长期的保持品种优势是和其常年进行良繁密不可分的。据调查,新疆兵团第六师土墩子农场种子站,近 20 年来一直进行新籽瓜 1 号的良繁,在满足本单位生产用种之余也向其他地区提供良种,其种子质量长期保持一定优势。由此可见,良种繁育是解决生产良种问题的关键。

在很多作物较高水平上的高产研究与实践中,整齐度是一个非常重要的指标。许多研究与实践都证明,整齐度高低与产量呈正相关。籽瓜高代品系的种植试验中,相比于大田用种,品系表现出很高的整齐度。仅仅从整齐度这个方面来说,混杂后的大田用种就具有很大的高产劣势,混杂退化的大田用种给生产带来的损失,由此可见一斑。

异花授粉作物需要更多年限的自交,才能形成高纯度的纯系,只有高纯度的纯系才能形成更大的杂种优势。籽瓜杂交种的出现较晚,近年出现的如林籽 1 号、新籽瓜 5 号等黑籽瓜杂交种,红籽瓜也出现了若干杂交种。和西瓜相比,籽瓜繁殖系数低,用种量较大,杂交制种成本较西瓜高。杂交种在生产上要具有更大的品种比较优势,才能相比于较高的制种成本来说,有很好的投入产出性价比,从而获得农户的接受与认可。当前,籽瓜杂交种的推广进展较为缓慢,生产中种植面积较大的杂交种是林籽 1 号。

籽瓜生产良种的问题,很大程度上归结于生产用种和品种管理上的混乱。事实上,籽瓜生产与研究的很多方面都缺乏规范,这种随意性是很不科学的,诸如术语、种植方式、栽培技术等很多方面都存在这一现象。需要规范后,很多问题才能被发现并得到解决。

第二节 籽瓜的遗传性状与品种选育

籽瓜研究的开展,是和籽瓜生产发展历程紧密相连的。黑籽瓜作为甘肃特产,受到较多的关注,相关单位开展了长期的研究,大大促进了籽瓜产业的发展。在新疆,近 20 年来籽瓜生产发展迅猛,在一些地方形成了稳定的农业规模产业,新疆的主要农业科研单位都开展了籽瓜研究,籽瓜研究与生产进入了一个崭新的时期。

一、籽瓜遗传资源的多样性

作物的优良品种是解决作物生产问题最经济有效的方式之一,籽瓜研究的最初切入点也是品种的选育。从已经培育出的品种来看,都具有优质高产的特征,但在抗病、耐旱耐贫瘠选育上较少;从地方种进行系统筛选较为成功,种质资源创新品种缺乏,品种同质性较强。

籽瓜是异花授粉作物,与自花授扮作物比较,它的遗传性比较复杂,个体之间差异较大。根据新疆塔城大田调查,籽瓜的皮色、花纹种类很多,瓜瓤颜色、质地多样,种子大小、片型指数、片色相等表现范围较宽,叶片厚薄、大小、形状有各种类型,花器大小、形态、构造也有差异。田间还发现全缘叶、黄瓜形果实(果实纵横径之比极高,达 5～7)、水滴形黑边白心黑瓜子等植株,可见籽瓜种质资源的多样性。另外,生产大田还会产生自然变异植株,靖远1号、靖远2号即从变异株选育而来,我们也从田间变异株选出 10 粒横排≥14 厘米的单瓜(品系尚未稳定),甚至有 10 粒横排≥15 厘米的花片单瓜。

一般籽瓜与西瓜之间天然杂交率很高,在自然条件下,西瓜一些性状转入籽瓜中是很常见的,这也成为籽瓜遗传多样性的一个来源。籽瓜在各地多年种植后,呈现出一定的生态适应性,不同生态区的籽瓜遗传资源也存在一定的差异性。

从复杂的籽瓜遗传资源中,筛选纯化具有显著优良特性的种质资源,实现籽瓜育种中的大的突破,才能很好地解决目前生产中抗病育种的需要,解决籽瓜旱地、贫瘠耕地高产栽培的需要,从而满足籽瓜更高品质和更高产量的生产需要。

二、籽瓜主要性状的遗传规律研究

关于籽瓜的主要品质、产量、形态性状,国内开展了一些研究,得到一些重要的结论,对于指导籽瓜生产与研究具有重要的意义。

主要由遗传决定,栽培及环境条件对其产生影响的性状有:种子大小、片型指数、片色相、千粒重、坐果节位、子叶大小、果实颜色与花纹、胎座(瓜瓤)颜色等。

主要由栽培及环境条件决定,遗传对其产生影响的性状有:瓜个大小、单瓜产籽率、单瓜产籽数、间节长度及粗细等。

翘片的产生分为两种情况,即采收前果实内已经发生的翘片,与遗传及栽培环境条件均有关,作用机制还不清楚;晾晒过程产生的翘片,主要与不合理受热干燥有关。不完善片的产生是因为不成熟收获引起的。

对于这些性状相互关系的研究,也得出许多结论。王洪礼、吕国华等(1994)研究发现:单瓜产籽数除同本身遗传特性有关外,还决定于瓜个大小,也说明单瓜产籽数与栽培管理水平密切相关。瓜个大小与 10 粒瓜子横径或纵径无明显相关关系,只要瓜生理成熟,10 粒种子横径或纵径不随瓜个大小而发生明显变化,而与本身遗传特性有关。瓜个大小与千粒重无明显相关关系,即只要瓜生理成熟,千粒重不随瓜个大小发生明显变化,而与本身的遗传特性有关。

李邵稳(2002)以选出的红籽瓜 24 个自交单系为材料,测定了果实的纵横径、固形物和种子长、宽、厚、千粒重、出仁率等 11 个经济性状。通过性状之间的相关与回归分析,探讨了红籽瓜经济性状遗传的相关规律。研究结果表明,果实大小与产籽量、果肉固形物含量与种子大小、果肉固形物含量与千粒重呈显著或极显著正相关;种子出仁率与种子厚度呈正相关。多元回归分析显示,单果产籽率与种子重呈正相关,与单果重、种子数、千粒重呈负相关。

籽瓜单个性状的更深入基因遗传规律研究较少,许多还需要参照西瓜的相关研究资料。张桂芬、张建农(2011)研究了籽瓜与西瓜种子大小的遗传规律,对籽瓜片大小的育种有重要的参考价值。他们认为:决定种子大小的基因为一对主效基因和一对隐性抑制基因,其中小种子为显性。还有数对微效基因对种子大小起着修饰作用以至于在相应群体内接近数量性状的遗传。

2012 年 11 月西瓜基因图谱发表,为籽瓜的基因育种展现了广阔的前景。

第三节　籽瓜的良种繁育

一、种瓜的选择

(一)常规种的种瓜选择

在籽瓜原种或一代种子田,选择具有本品种特征特性的单株单瓜,在两个时期进行鉴定。

1. 坐瓜期株选 此时期的主要目标是选坐瓜节位较一致的单株单瓜,并且生长健壮、瓜体花纹均匀、光泽好、活性大。入选后做明显的标记。

2. 成熟期选单瓜 当籽瓜进入生理成熟后,对做标记的入选单株单瓜进行目测鉴定。即成熟瓜色均匀、瓜型大小匀称、外观整齐、瓜体重2~3千克。收获时单瓜单收,选择籽粒均匀、黑籽多、板大面平、无麻板翘板、白籽少的单瓜作种瓜。经室内考种后编号存放,作为翌年套袋种瓜。良繁田四周隔离区距离1 500~2 000米范围内不能种西瓜和其他籽瓜品种,以防混杂。

(二)杂交种的种子选择

杂交籽瓜制种的亲本种子标准:用来繁殖杂交种的亲本种子必须符合原种质量标准(纯度99.9%、净度98.0%、发芽率80.0%、水分小于8.5%)。种植时设置隔离区,距制种区边缘3 000米内不得种植父本以外的其他籽瓜品种。设计好父、母本配比,父、母本种植比例为1∶30~50,即每30~50棵母本种1棵父本,父本明确标志,集中种植。为了使父本能及时提供花粉,父本应比母本早播7~10天,每667米² 栽植3 700株左右,株距0.2米,行距1.8米。

二、田间管理

(一)常规籽瓜管理

1. 查苗补种 播种后10天,查苗补种。播种出苗后,对缺行断垄处进行催芽补种,补种宜早不宜晚,过晚易形成二类苗。

2. 间苗定苗 间苗定苗宜早,以掐顶为好,拔苗易伤保留苗的根系。幼苗出现1~2片完整真叶时开始间苗,结合松土、除草剔除弱苗,保留双株。3~4片真叶定苗,每穴留1株苗。出苗到团棵期蹲苗,直到叶片发暗且有个别叶片发黄为止。蹲苗有利于根系生长,增强抗旱、抗病能力。蹲苗是高寒地区籽瓜栽培的关键措施。

3. 整枝压蔓　常规籽瓜一般不需要整枝,但在水肥条件较好、管理水平较高的地块,应适量整枝,以减少养分消耗,促进营养物质向果实运输,达到坐瓜早、单瓜重的目的。采用双蔓整枝,在植株20厘米左右时,留下主蔓,再选留1根副蔓,其余枝条全都打掉,留下的主、副蔓要理顺方向,适当压土固定瓜蔓生长方向,以防止被风吹断瓜蔓。到主、副蔓坐瓜时,副侧蔓会大量发生,可将所有副侧蔓尖全部打掉,以促进坐瓜,每株可坐瓜2~4个。

(二)杂交籽瓜管理

1. 整枝　整枝方式根据品种而定,父本植株应多留侧蔓或只压蔓不打杈,母本采用单蔓或双蔓整枝。在坐瓜前严格整枝,结合整枝压蔓。

2. 母本去雄套袋

(1)母本蕾期去雄　母本蔓长50厘米时,结合整枝压蔓,摘除母本植株所有雄花蕾,此外在授粉期间,于每天下午及授粉日清晨雄花开放前,逐株清除漏打的雄花蕾。

(2)母本雌花套袋　授粉期间,于每日下午选择次日将要开放的雌花蕾套上纸袋。套袋后在植株旁插杆做标记,授粉时便于寻找。

3. 人工授粉　父本雄花采摘时期,于前1天傍晚采摘即将开放的雄花蕾于密封容器内置干燥处使其开放。春播的于上午7~10时授粉为宜。以母本第二或第三雌花授粉留果。授粉时轻轻涂抹花粉,不要擦伤柱头。授粉要均匀彻底。授粉后,在授过粉的雌花节上绑塑料绳做标记,采收种瓜时以此为据。

三、收获与晾晒

(一)常规籽瓜的采收

采收前可随机摘 3～5 个瓜取籽,当其成熟粒占灌浆籽 95% 以上,且颜色黑亮饱满,即可采收。籽瓜成熟后及时清秧晒瓜,促进种子后熟,脱粒,然后将籽粒晾晒在平整处,均匀摊平,晾晒厚度 0.5～1.0 厘米。要勤翻动,防止雨淋,待瓜子半干,移至通风处阴干。收获的籽粒要达到籽面平整、色泽鲜亮、无翘板、无麻裂,以保证商品质量。

(二)杂交籽瓜的采收

1. 田间鉴定　种瓜成熟后要在田间逐一检查。先摘除不符合母本特征的虽已授粉的瓜、无授粉标记瓜、带病瓜以及授粉父本为杂株的瓜,最后采收标准种瓜。

2. 种瓜采收期　种瓜要比商品瓜晚收 5～7 天,以利于种子充分成熟。

3. 采种　种瓜采收后不必后熟,直接将种瓜切开,把瓜肉和种子一起挖出置于容器内。剖瓜时剔除瓢色、种子形状、颜色明显不符合母本特征的种瓜。

4. 种子淘洗　将种子及瓜肉组织在缸内用木棍用力搅动,捞出渣子沥水后晾晒。

5. 晾晒　种子要在席子或篷布上晾晒,不得晒在铁板或地面上。晒干后的杂交种标准:杂交率在 97% 以上、净度 98% 以上、发芽率 80% 以上、含水量 8.5% 以下。

第五章　籽瓜高效栽培

耐旱、耐瘠是籽瓜的生长特性,栽培历来集中在土地广阔、土壤比较瘠薄的地方,管理极为粗放,但生产实践证明,在栽培条件良好的情况下精细管理可获得较高的产量与收益。

旱砂田栽培因受降雨量的多少及分布的制约,产量差异很大,一般每 667 米² 产量 50～70 千克。近年来,黑瓜子销路看好,经济效益高,许多地方栽培管理趋向精细,如选用良种,采用地膜覆盖、密植、灌水及施肥等技术,最高每 667 米² 产量可达 180 千克以上,平均每 667 米² 产量 130 千克。

籽瓜生产可根据栽培的区域、灌溉与否,分为旱地栽培及灌区精细栽培,旱地栽培以甘肃砂田栽培为代表,灌区精细栽培以新疆膜下滴灌栽培为代表。

第一节　籽瓜品种选择

籽瓜生产中,种子的选择很重要。优良品种不仅可实现高产,更能提高籽瓜子的品质,实现优质优价增加经济收益。

籽瓜子收购中,对于籽粒的品质要求较高:翘片、麻片、二青片的比例过高,饱满度(出仁率)较低的籽粒,都不能卖一个好价钱;籽粒大小更是优质优价的首要衡量因素,直接决定着产品的商品价值。这些品种的特征特性往往是由遗传特性决定的,一般一个品质优良的品种,其生产出的产品往往也是优质的。

籽瓜种子的选择,首先考虑品种的品质,其次考虑品种的生育期与适应性,在此基础上选择高产的品种。同时,当前籽瓜品种退化与混杂较为严重,如果该品种种子的纯度较低,应当考虑放弃该种子,因为低纯度的种子实际上已经不能达到该品种固有的优良性状。近些年,各地均培育出一批优质高产的籽瓜品种,但由于良繁体系不健全,多数品种的高纯度种子在市面上并不多,许多种子已经不能表现出原来品种的生产特性,在种子选择时尤其要注意种子的纯度问题。

当前生产上因为种子退化的原因,许多大片型的品种已经种不出大片的籽瓜子,翘片率、麻片率、二青片率、白籽率攀升,优质品种的优良品质已经消失,严重制约了籽瓜产业的发展。因而,籽瓜生产中种子的选择十分重要,应当谨慎。对于纯度不高的籽瓜种子,必须在播前进行人工粒选,剔除翘片、麻片、二青片、过小籽,以及剔除明显不符合品种特征的籽粒。

除了兰州大片、宁夏红籽瓜、江西信丰红籽瓜等农家种以外,当前生产中采用的育成良种较多,下面进行简要介绍,供种植参考。

一、新籽瓜 1 号(41-6)

由新疆兵团六师种子公司自 1988 年从籽瓜"兰州大片"中经多代定向系统选育而成,1992 年由新疆维吾尔自治区品种审定委员会审定通过并命名。

新籽瓜 1 号植株生长势中等,分枝性弱,极易坐果。第一雌花着生于主蔓 6～8 节上,雌花开放到果实成熟约 40 天。全生育期 95～110 天,属中晚熟品种。果实近圆形,果皮淡绿色,成熟后显浅黄绿色,果皮表面布满核桃细纹,并附有 10～15 条细纹条带。果肉浅黄色,剖面近白色,单瓜重 2～3 千克。单瓜结籽数 150～250 粒,最高可达 375 粒。籽粒饱满均匀,千粒重 320～340 克。10 粒横径 11.7～12.3 厘米。瓜子皮薄、仁壳比率高且粒色光亮美观。北疆均可种植。经多年多点区域试验,综合性状远远高于对照品种"兰州大片",每 667 米^2 产量一般高达 120 千克左右,最高者达 180 千克。

二、新籽瓜 2 号

石河子农学院籽用瓜研究所历时 6 年选育成功的籽瓜新品种。该品种生长势中等,坐瓜早,结果能力强,单株结瓜 1.2~1.4 个。果皮浅绿色,上布细核桃纹,瓜瓤浅黄色,单瓜平均结籽 147 粒,瓜子眉心中等,黑白分明,光泽好,板平,无麻斑。良种 10 粒横排 11 厘米以上,商品瓜子 10 粒横排 10.5 厘米以上,千粒重约 280 克。瓜子每 667 米^2 平均产量 100 千克,最高可达 150 千克以上。

三、靖远大板 1 号

靖远县农技中心从皋兰县引进的黑瓜子栽培后代群体中发现的优异单瓜经系统选育而成。1990 年 1 月由白银市农作物品种审定小组和甘肃农作物品种审定委员会审定通过推广。

靖远大板 1 号植株生长紧凑,主蔓长 70~130 厘米,茎粗 0.3~0.5 厘米,节间长 5~7 厘米,分枝较多,一般分枝侧蔓 5~13 条。叶型较小,呈裂叶状,叶色浅绿。第一雌雄花着生节位 3~5 节,坐瓜率较低。瓜椭圆形,瓜皮底色淡黄,有网状花纹,一般纵横径为 29 厘米×36 厘米,皮厚 3~4 厘米,单瓜重 2.6 千克左右,瓜瓤白色,含糖量约 4%,适口性差,出籽率 3.4%左右,单瓜平均籽粒数 229 粒。籽粒特大,平均纵横径为 1.92 厘米×1.25 厘米,千粒重 353 克左右,一级商品率高达约 98%,黑白分明,色泽好。在 1989 年 9 月 27 日至 28 日甘肃省农业厅在兰州召开的全省黑瓜子鉴评会上,被评为甘肃省优质农产品,名列第一。生育期 120 天左右,较抗霜霉病和枯萎病。

四、靖远大板2号

是靖远县农技中心从当地农家栽培种后代群体中发现的一个优良单瓜，经系统选育而成。于1990年1月由白银市农作物品种审定小组和甘肃省农作物品种审定委员会审定通过推广。

靖远大板2号植株生长势强，主蔓长100～150厘米，茎粗0.4～0.5厘米，节间长6～9厘米，分枝较弱，一般分枝侧蔓3～5条。叶型大，裂叶形，叶色深绿。第一雌雄花着生节位5～9节，坐瓜能力较强。瓜圆形，一般纵横径为28厘米×30厘米，成熟期瓜皮底色淡黄，核桃条纹型，瓜皮厚度为4～4.5厘米，瓜瓤淡黄色，含糖量6%左右，适口性好，可加工罐头食品，出籽率约3.6%，单瓜籽粒数257粒左右，籽粒平均纵横径为1.9厘米×1.2厘米。千粒重325克左右，瓜子黑白分明，色泽好，一级商品率达到98%。1989年9月27日至28日甘肃省农业厅在兰州召开的全省黑瓜子鉴评会上，被评为甘肃省优质农产品，名列第二。生育期120天。较抗枯萎病，抗逆性强，适应性广。

五、林籽1号

内蒙古自治区巴彦淖尔市科河种业有限公司育成，以92707为母本、林籽大片88708为父本杂交育成。母本是以泰国籽瓜和兰州籽瓜杂交，经6代自交育成的自交系。

林籽1号全生育期95～103天，从播种到雌花开放约45天，从雌花开放到果实成熟约50天；植株生长健壮，适应性广，耐旱、耐湿、耐瘠薄。植株分枝多，茎蔓较粗，第一雌花着生在3～5节，隔3～4节出现第二朵雌花。雌花单性，易坐果，单株坐果1～2个。

果实圆形，果皮浅绿色覆深绿核桃纹；皮厚约3厘米，瓤色淡黄，适口性好；单瓜产籽约250粒，千粒重约279克，种子纵横径

1.75 厘米×1.13 厘米，黑白分明，色泽好，平整，商品率在 97% 以上。每 667 米² 干籽产量 160 千克左右。田间表现抗病抗逆性强。

六、兰州大板 2 号

兰州市农科所经 7 年研究选育出兰州大板 2 号，是以自交系 8710-7-7-14-2 为母本，连续 4 代自交选育的靖远大板 2 号（原代号 S485-2）为父本进行杂交。

兰州大板 2 号为籽瓜 1 代品种。植株生长势旺，中抗枯萎病，耐旱不耐寒。全生育期约 128 天。茎粗，叶片掌状羽裂，呈西瓜叶形；第一朵雌花着生于主蔓 5～7 节，以后每隔 3～4 节再现 1 朵雌花。瓜圆球形，表皮光滑、绿色，覆有锯齿状草绿色条带。单瓜重 3.2 千克左右，单瓜种子数 206～280 粒，瓜子颜色黑白分明，纵径约 1.85 厘米，横径约 1.17 厘米，千粒重 525.59 克左右，出仁率约 39%，营养成分丰富。平均每 667 米² 产籽量 89.5 千克。对枯萎病表现中抗。

七、顶 心 白

内蒙古自治区通辽市地方品种，属于中片型。蔓生，分枝性中等；果皮深绿色，成熟有黄色条纹，果肉黄白色；籽粒较大，扁平，种皮黑褐色，中间呈白心或白眼状，称顶心白。单株结瓜 2～3 个，单瓜重 1.5～3.0 千克，单瓜产籽 250～1 500 粒，每 667 米² 产量 75～120 千克。适应性强，生育期 120～130 天，适于排水良好的沙质壤土或坨子地种植。主要分布在通辽市科左后旗、科左中旗、奈曼旗、库伦旗、扎鲁特旗等地。

八、一 窝 蜂

又名一窝猴、小打瓜子。内蒙古自治区通辽市地方品种，属于小片型。植株蔓生,生长势较强,分枝 3～4 个;果皮青绿色有条纹,单株结果 2～3 个,单果重 2.0～3.5 千克;瓤粉红色或白色,单瓜结籽数 252 粒左右,种子黑色,饱满味香。适应性强,适合在生荒地生长,生长期 120 天左右,每 667 米² 产瓜子 50～70 千克。耐旱性较强。

九、河套籽瓜

又名黑瓜子、籽瓜,内蒙古巴彦淖尔市地方品种,属于中片型。茎蔓较细、灰绿色,茸毛多,生长势强;叶片较小,裂刻深而窄。果实暗绿色,有条纹,瓜瓤粉红色、淡黄色或白色,味酸或酸甜。种子较大,黑褐色,中间部分呈浅黄色,籽粒饱满,品质佳。适应性强,生育期 110～120 天,适于在沙质壤土和风沙土种植,不宜在洼地及重黏土地种植,每 667 米² 产量 80～100 千克。主要分布在巴彦淖尔市的五原、临河、杭锦后旗的西北部、乌拉特前旗及鄂尔多斯市的达拉特旗。

十、兰州大片

瓤色有乳白、淡黄,间有粉红色。种子大,较平整,形似牛眼,白心黑边,黑白分明,色泽光亮,黑白分明。种子皮薄、口松,种仁丰厚。种子纵径 16 毫米左右,横径 10 毫米左右,千粒重 240 克左右,被称为"兰州大片"。

十一、红富贵(QJ-25)红籽瓜

由兰州市农业科学研究所瓜研室籽瓜课题组选育,以 876 自交系为母本、8710 自交系为父本配制而成的红籽瓜杂一代良种。特征特性:植株生长势较强,全生育期约 122 天,单瓜重 2～4 千克,种皮颜色红艳,种粒大,平均纵径 15.4 毫米、横径 10.2 毫米、百粒重 22 克、出仁率 39%,种仁味香,营养丰富,含蛋白质约

35.3%,脂肪约47%,每667米^{2}产籽70.7千克左右,水地74.7千克左右,比对照宁夏红籽瓜增产约27%,果肉含可溶性固形物5%左右,适口性好,中抗枯萎病害。

十二、吉利(9126)红籽瓜

兰州市农业科学研究所瓜研室籽瓜课题组育成的杂交一代红籽瓜品种,母本为红秀,父本为8710自交系。**特征特性**:该品种为早熟品种,全生育期约110天,中抗枯萎病,耐热、耐湿性好,植株长势中庸,成果性强,果实圆形,果皮墨绿色,瓤浅黄色,皮坚韧耐贮运。种皮红色,种粒大,纵横径为16毫米×10.3毫米,百粒重23克左右,每667米^{2}产鲜瓜3500千克左右,产籽75千克左右。种仁饱满,营养成分丰富,经化验,蛋白质含量约37.75%,脂肪含量约44.81%(其中含亚油酸64.18%)。

第二节 甘肃砂田籽瓜栽培

砂田是甘肃中部干旱地区的劳动群众在同干旱、风蚀进行长期斗争中创造出的一种独特的地表覆盖栽培法,也叫"铺砂地"或"石子田"。砂田起源于甘肃中部地区,约在今永登与景泰两县交界处的秦王川一带,距今大约四五百年的历史。我国西北地区的甘肃、宁夏、新疆、青海等地砂田总面积约16.7万公顷,其中,甘肃省约6.7万公顷,宁夏中部干旱带为6.8万公顷。这些地区年降雨量小于300毫米,且多集中于7月、8月、9月3个月,年蒸发量在1000毫米以上,有些地方达3000毫米,是降雨量的9~15倍,经常发生土壤干旱和大气干旱。砂田具有明显的蓄水保墒、抑制蒸发、增温保温和保持水土流失的作用。采用砂田法,可在年降水量200~300毫米的干旱条件下,夺取粮菜瓜果的高产丰收。铺压砂田,发展砂田产业,在干旱地区农业和农村经济的发展中具有极其重要的作用和意义。

一、选地选茬

(一)选　地

选地要求土层深厚、土质疏松、肥力较高的水砂田或者旱砂田。水砂田选择新砂田或 5 年以内的老砂田；旱砂田选择自铺砂后的头 15～20 年的砂田。pH 值以 7～8 为宜。籽瓜忌重茬,要求 5 年以上的轮作。

(二)选　茬

砂田籽瓜主要选择小麦茬或豆茬,西甜瓜等瓜类茬口不适宜。

二、施　肥

(一)施肥方法

砂田施基肥宜在上年秋季进行,使肥料能得到充分分解。施肥的方式有穴施和行施两种。行施时,先将覆砂刮于两边,将肥料集中条施于 15～30 厘米深土壤层中,搂平表土后将起砂刮平,以利抗旱保墒。

(二)施 肥 量

籽瓜施肥应选择禽粪、人粪、猪粪等腐熟的有机肥,并掺和一部分草木灰及过磷酸钙等肥料作基肥,再追施硼、锌等微肥。一般每公顷施腐熟人粪 37 500 千克或禽粪 22 500 千克、油渣 1 500 千克、过磷酸钙 750 千克、尿素 150 千克、草木灰 1 125 千克。或每公顷施优质腐熟厩肥 60 000～75 000 千克、磷酸二铵 225 千克、尿素 150 千克和草木灰、过磷酸钙各 1 500 千克。

(三)追　肥

每公顷根外追施尿素 150～225 千克,分 2 次施。第一次在甩蔓期,第二次在果实膨大期。叶面追肥应在花后进行,追肥一般 2~3 次。第一次追肥在幼瓜鸡蛋大小时进行,每桶喷雾器容量为 15 升水,加尿素 100 克、磷酸二氢钾 25 克,每公顷喷施量为 45~60 桶为宜。1 周后进行第二次追肥,追肥量与第一次相同,随后每隔 5~7 天喷 1 次磷酸二氢钾,但不加尿素。籽瓜采收前 7~10 天内不再追肥。

三、良种选择及播种

(一)良种选择

结合当地的自然条件和气候特征,选择靖远大板 1 号、靖远大板 2 号、新籽瓜 1 号、林籽 1 号等籽瓜新品种。

(二)种子处理

播前应对种子进行粒选,除去秕杂种子,选留具有本品种特征的饱满种子,晒种 2~3 天,再用温水浸种,然后催芽播种。

(三)播 种

1. 适期播种 适期播种应以 0~5 厘米土壤温度达到 14℃~15℃为宜。籽瓜苗期抗寒力弱,以苗期能避免晚霜为宜。一般在 4 月下旬至 5 月上旬播种。

2. 合理密植 播前根据土壤肥力和耕作水平,定产量和密度。地力肥,管理条件好,可适当密植;地力差,适当稀疏种植。水地密植,旱地稀疏种植。一般每公顷保苗 18 000~22 500 株。

3. 种植规格 砂田覆膜无须起垄。选择 1.6 米带幅,垄面宽 0.9~1.0 米,操作行宽 0.6~0.7 米,株距 0.7 米。

四、田间管理

(一)炼苗及放苗

地膜籽瓜在顶心期要及时将膜开洞通风。孔口先小后大,瓜苗在膜内 5～7 天再放至膜外,填砂窝保墒,放苗后及时封住膜口以利保温保墒。

(二)定　苗

当瓜苗出现真叶时最后定苗。用剪刀剪去弱苗,拔除易伤旁边苗根系,每穴只留 1 苗。

(三)整枝、压蔓

一般不进行整枝和压蔓,放任生长。

五、病虫害防治

应采取预防为主,结合农业防治和化学防治综合防治措施。选用抗病品种,合理轮作,及时清除病枝、病叶,清洁田园。

枯萎病:播前每千克种子用 5～6 毫升移栽灵拌种。发病前用 50％多菌灵可湿性粉剂 500 倍液灌根或喷雾 1 次。

炭疽病:用 70％甲基硫菌灵可湿性粉剂 800～1 000 倍液喷雾防治。

白粉病:可用 15％三唑酮可湿性粉剂 800～1 000 倍液喷雾防治。

地下害虫:可用炒黄的麦麸或油渣 2.5 千克和 90％晶体敌百虫 100～150 克,加水适量均匀搅拌,制成毒饵,撒于瓜苗周围。

蚜虫:可用 4.5％高效氯氰菊酯乳油 1 500 倍液,或 10％吡虫啉可湿性粉剂 2 500 倍液喷雾防治。

六、采收与贮藏

籽瓜开花到成熟,需 50 天左右。过早采收,种子不饱满;过晚种子易在瓜内发芽。所以,适时采收,可确保产量不受损失。对个别成熟稍差的瓜可晚 10～15 天再掏籽。瓜子切勿水洗,水洗瓜子易失去光泽,影响美观与品质,需要淘洗时只能用瓜汁漂洗。

若鲜食,8～9月份籽瓜达到九成熟时,带柄采收,轻拿轻放,运输时车内垫 15～20 厘米厚的麦草,堆放 2～3 层,避免挤压伤。鲜食籽瓜的地区有建窖贮藏籽瓜习惯,将籽瓜贮存到翌年元旦、春节前后上市销售,收益颇丰。据研究,籽瓜较西瓜更耐贮存。籽瓜对冷害的敏感程度低于其他西瓜品种,籽瓜更耐低温保存,同时,由于籽瓜体内果胶质的存在,经一定时期的贮藏后,瓜瓤质地还有所提高。籽瓜较长时期贮藏后,部分果实内种子发芽,发芽的种子因具有苦味而降低籽瓜的食用品质,但总体上出现发芽果实的比率不高。

第三节　新疆膜下滴灌籽瓜栽培

籽瓜在具有灌溉条件下常借鉴普通西瓜栽培技术,以提高种子产量,形成了主要措施较为相似的各具特色的栽培技术。其主要栽培技术措施如下。

第一,利用地膜覆盖栽培。地膜可增温、保墒,降低土壤盐分,防止杂草滋生,促进根系生长,加速生育,提高产量。

第二,增加种植密度。平畦或高垄栽培,株间 20～30 厘米,留苗密度以每 667 米^2 2 300～4 000 株为宜,以密植多果来提高种子产量。

第三,多次灌溉。在秋末翻耕后冬灌,播种前 4～5 天灌春水,保证种子出苗,在坐果期、果实膨大期灌溉,促进果实的膨大。

第四,增加追肥。4～5 叶期,每 667 米^2 沟施羊粪等厩肥 500～800 千克,或油渣 50～80 千克,或磷酸二铵 30 千克,坐果期和果实膨大期追施或叶面喷施尿素或磷酸二氢钾等溶液。

尽管籽瓜耐旱,但有条件的地区实行灌溉后,长势与产量都得到很大的改观,并获得较为可观的经济收益。

新疆籽瓜栽培为灌溉栽培,灌溉方式有漫灌、沟灌、喷灌、自压软管灌、加压滴灌等。加压滴灌具有节水效果显著、水肥分布均匀、生长发育整齐度高、减轻籽瓜病虫害、节本增产的优势。滴灌技术结合地膜覆盖技术形成的膜下滴灌技术,已经成为目前新疆籽瓜最先进的栽培技术,自 2005 年推广以来应用迅速,栽培技术体系也不断得以完善。

一、播前准备

(一)土地准备

选择 4 年内未种植籽瓜的地块。秋季全层施入基肥,基肥用量为全生育期用量的 60%～70%,化肥以磷肥为主,一般每 667 米^2 施入三料磷或磷酸二铵 20～30 千克、硫酸钾 5～8 千克、尿素 5～10 千克。土地深翻 30 厘米,冬灌,翌年春季进行土地整理。加压滴灌籽瓜对地势要求不严格,但对整地质量要求较高,要严格按照"齐、平、松、碎、净、墒"六字标准进行整地,特别是要土碎、地平、无草根,以防止滴灌带和地膜破损而影响滴水质量。

喷洒除草剂进行土壤封闭。在土壤墒情较好的情况下,每 667 米^2 用 48%仲丁灵乳油 200 毫升,对水 40 升,机械均匀喷雾。或用 96%异丙甲草胺乳油进行土壤封闭处理,每 667 米^2 用量 60～80 毫升。施药后及时耙地,进行浅混土,混土深度 3 厘米,施药后 24 小时即可播种,能有效遏制杂草生长。不宜使用氟乐灵、乙草胺进行土壤封闭处理,因籽瓜耐药性差,对氟乐灵、乙草胺敏感,易发生药害,可造成籽瓜缺苗、断垄并抑制其生长。

对重茬地进行土壤消毒。播前每 667 米^2 用 50%敌磺钠可湿性粉剂 800～1 600 克,对水 30 升,喷于地表,然后耙糖混土待播。

(二)种子准备

1. 选择良种　选用新籽瓜 1 号、新籽瓜 2 号、林籽 1 号等优良品种,进行种子人工粒选,选掉过小片、不符合品种特征的种子、翘片、花片、麻片、不完善片等不合格种子。种子精选这一步骤非常必要,因多数地区的种子退化混杂较为严重,不进行筛选的种子其生产后的产品品质较差,产量也会受到影响。

2. 籽瓜种子处理 种子不经过处理即可播种,但籽瓜产区由于病虫害加重,通过药剂拌种可减少病虫害,一些种子处理还具有提早出苗与培育壮苗的效果。

播前将种子用 55℃～60℃温水浸种,随倒随搅拌,至水温降至 30℃左右,浸种 8～10 小时,捞出种子备用。此法处理简便易行,可以杀死种皮表面病菌,促使籽瓜提早出苗。

易烂种的地方可用种子量 0.3%的敌磺钠原粉拌种,以减少烂种和苗期病害。

1 千克种子用 98%工业硫酸 50 毫升,将硫酸均匀洒在种子上,随洒随翻,拌均匀后闷种 20～25 秒,立即用清水洗至无酸味,然后用 25℃～30℃温水浸种 6～8 小时,种子捞出沥干,再用 70%代森锰锌,以种子重量的 0.3%或 0.5%拌种。经此法处理可有效杀死种子表面、种孔的病菌和虫卵,可防止地下害虫危害。

用温水浸种 8～12 小时,捞出后用 0.1%升汞(氯化汞)或 1%福尔马林浸种 15～20 秒,用清水冲洗干净晾干,再用 0.2%辛硫磷拌种备播。

二、播　种

当 5 厘米地温稳定通过 13℃即可播种,抢播地块也有的在 5厘米地温稳定在 10℃以上即播种,也有的要求 5 厘米地温稳定通过 15℃为播种最低温度,一般依据各地开春气温稳定情况和籽瓜生产条件而定。

播种的株行距配置不一。使用 90 厘米左右窄膜的,一般为一膜一管(滴灌毛管)双行,40 厘米+70 厘米宽窄行,株距 20～30厘米;使用 150 厘米宽膜覆盖,甚至 200 厘米超宽膜覆盖的,一膜两管 3～4 行,株距 20～30 厘米。每穴下籽 2 粒。播深 3～5 厘米,每 667 米² 播种量为 2～2.5 千克。每 667 米² 理论栽植株数4 500～5 500 株,保苗 3 000～4 000 株。

利用机械播种,播种、铺设毛管、覆膜一次完成,一般为膜上点播。播种时滴灌带迷宫面朝上,滴灌带间距 120～130 厘米。要求播行端直,下籽均匀,膜间行距一致,播深一致,膜上覆土厚薄一致。籽瓜较易出苗,但滴灌田播种时墒情太差,可以播后滴水补墒出苗,滴水量不宜过大,以 10～15 米³/667 米² 为宜,并且关注发芽期降雨变化,以免墒大造成烂种烂芽。

播种深度与墒情是籽瓜全苗、壮苗的关键,播种过浅和墒情较差易形成"戴帽出苗","戴帽出苗"的幼苗子叶不能展开,严重影响幼苗的生长。

三、幼苗期田间管理

幼苗期田间管理目标是形成苗齐、苗全、苗壮的"三苗"长相,促进早发真叶,为以后的花芽分化打下良好基础。

(一)查苗补种

播种 10 天后出苗,检查田块,发现缺苗断行的要及时补种,并用已经催芽处理的种子进行补种,以免补种出苗过晚形成"二次苗"。

(二)间苗定苗

2 片真叶间苗,4 片真叶定苗,原则是去弱留强,去病留壮留单株,保证基本苗 6 万株/公顷(4 000 株/667 米²)左右。

(三)中耕除草

全生育期中耕一般要求 4 次左右。中耕要求:不铲、伤、埋、压幼苗。第一次中耕于播种后 7～10 天进行,为提高地温,耕深10～12 厘米;第二次中耕于幼苗期进行,耕深 8～10 厘米,留护苗带 8～10 厘米；第三次中耕，于苗期进行，耕深 12～14 厘米，留护苗带 5～8 厘米；第四次开沟施肥，于甩蔓初期结合施肥进行，耕深 16～18 厘米。

中耕后，对苗间杂草进行人工除草。

(四)水肥管理

幼苗期不进行滴水灌溉，而是结合中耕进行蹲苗处理，蹲苗有利于籽瓜根系发育和抗性增强，这也是籽瓜栽培的关键措施之一。出苗到团棵期要进行蹲苗，直到叶片发暗呈灰色，且有个别叶片发黄为止。

幼苗期可进行叶面喷肥，促进幼苗生长发育，一般用磷酸二氢钾或者尿素 150 克/667 米² 对水 50 升左右喷雾。

四、伸蔓期田间管理

伸蔓期要求田间苗情整齐一致，通过对施肥浇水的用量与时间早晚的调节，调控苗情。控制旺苗生长，促进弱苗生长，使得群体水平上保持壮苗的长势长相，开花前透过叶幕可见地面，叶色不可过于暗绿，这些都是旺长的表现。

(一)浇　水

团棵后，进入籽瓜的快速生长期，是籽瓜的第一个需水高峰期。此期根据土壤墒情确定浇水时间，浇水 2 次左右，每次浇水量 25 米³/667 米² 左右，并进行随水滴施追肥。

(二)追　肥

为获得坐瓜前较好的营养面积，此期浇水时每 667 米² 随水追施尿素 3～5 千克。结合病害防治进行 1～2 次叶面施肥，每 667 米² 喷施 150 克磷酸二氢钾。

(三)化　控

对于生长过旺的田块，坐瓜前每 667 米² 喷洒缩节胺（甲哌鎓)2～3克,对水30升,可使瓜蔓缩短、节数减少、促稳长、多坐果。

(四)病虫害防治

根据宽幅打药机的幅宽,田间顺秧形成机车打药走道,以供打药机车田间行走。

白粉病是当前危害籽瓜最严重的病害。发病前,利用保护性药剂防治,如硫磺粉、硫磺悬浮剂、百菌清等。气温超过30℃时,最好不要使用硫磺粉制剂,以免产生药害;当该病出现发病点时,选用敌力康、三唑酮、氟硅唑等药剂全田喷洒。

防治枯萎病,可用50%多菌灵可湿性粉剂500倍液,或70%甲基硫菌灵可湿性粉剂800倍液滴灌植株,每株250毫升。每10天灌1次,连灌2～3次,对控制病情发展有一定效果。

危害籽瓜的害虫主要有蚜虫、地老虎、红蜘蛛等。在播种时,可用40%辛硫磷乳油1000～1500倍液、10%吡虫啉乳油1500倍液喷雾防治。

(五)除　草

随着伸蔓期灌水,第二茬草害开始发生,此时单子叶杂草用精噁唑禾草灵70毫升/667米^{2}或高效吡氟氯禾灵30毫升/667米^2,对水15～30升,喷施防除。双子叶杂草可人工拔除。

(六)枝蔓管理

生产上有的进行顺蔓,一般大田不进行枝蔓的整理。

五、结果期田间管理

结果期是籽瓜生产中最重要的一个时期,此期首要任务是防止由于病害和水分、营养不足等原因形成的秧蔓过早死亡,过早塌秧在籽瓜产区较为常见,是造成减产的首要因素;其次,进入结果期,秧蔓生长延缓或停滞,如果前期营养生长过旺造成叶幕过厚,会严重影响田间坐果,降低产量。因此,此期的田间管理中心是保持苗情的稳健。

(一)浇　水

此期为籽瓜的第二个需水高峰期,果实膨大期是籽瓜的需水临界期。

坐果期滴水 1 次,果实膨大期滴水 3~4 次,变瓤灌浆期滴水 1 次,共滴水 5~6 次,每次 30 米³/667 米² 左右,单次滴水量不宜过大,以免形成根系早衰。

(二)施　肥

果实膨大期为需肥临界期,追肥用量较大。坐果后,籽瓜叶面积生长受到抑制,要注意维持较大的绿叶面积。

于果实膨大期分 2 次随水滴肥,每次每 667 米² 用尿素 5 千克,可同时用含磷、钾较多的滴灌专用肥 3 千克。坐果期进行 1 次磷酸二氢钾叶面喷肥,膨大期进行 2 次,每次每 667 米² 用 150 克。坐果期可用微肥或坐果灵等营养剂或植物生长调节剂喷施 1 次,促进坐果。

(三)病虫草害防治

坐果后进入病害高发期,针对当地高发病害选择药剂,每隔 7~10 天进行 1 次喷洒防治。近年籽瓜病害发生有提前的趋势,最好于雌花开放时即开始喷洒药剂,进行病害的预防。

此时地面已被秧蔓全覆盖,抑制了杂草的发生,田间大草进行人工拔除。

有些地方老鸹叼食幼瓜危害,可喷洒生物农药"雀逃"。

六、采收与晾晒

田间 95%以上籽瓜外皮白霜减退,瓜皮变软,用手扣击声音不脆时,即可进行收获。采收后,在地里晒 7 天左右,及时用机械脱籽。收获的籽瓜子最好摊放在水泥场上或篷布上,厚度1～2厘米,忌过早翻动瓜子,待晾晒半干时才能勤翻,严禁淋雨,因瓜子见水后外层保护膜消失,容易失去色泽。瓜子晾晒干后及时清选,应分级装袋出售。

第四节 籽瓜起垄栽培与平畦栽培

起垄栽培和平畦栽培,除了土壤耕整有较大变化以外,其他生产技术与前述砂田栽培和膜下滴灌栽培基本相同。这两种栽培方式在西甜瓜栽培中也被广泛采用。

一、起垄栽培

起垄栽培是籽瓜、西甜瓜生产中应用最多的一种栽培方式。需要进行灌溉和排水的地区栽培籽瓜,可采用起垄栽培,一般机械开沟起垄为好,开沟沟距2～3米,沟深30厘米,沟宽60厘米以上。应把瓜沟整直、整平,播瓜位置应刮平并粉碎土块。在此基础上,间隔40～50米,挖好毛渠方便灌排。

籽瓜耐旱不耐涝,瓜沟内是灌排水的通道,籽瓜种子点种于瓜沟内水线之上,瓜秧甩蔓后在垄上爬秧,并在垄上结瓜,这样就避免了秧蔓与果实泡水的现象。

缺水地区,应在冬前或播前进行贮备灌溉,以确保播种时土壤墒情利于出苗。起垄栽培也可在沟内平铺薄膜,进行地膜覆盖栽培,以获得增温保墒的增产效果。

二、平畦栽培

西北干旱半干旱地区是我国籽瓜主产区,这些地区一般可不考虑农田排水问题,并且灌溉量也不大,因此可以不用开沟起垄,直接采用平畦栽培。

平畦栽培即是在平整的土地上,直接按照一定的株行距点种栽培,若需要灌溉也可在田间修建毛渠用于灌溉。平畦栽培瓜秧和果实易于泡水而萎蔫腐烂,因此,灌溉农田的土地需要较为平整没有坑洼,对于有坡度的土地,还需要沿等高线修建毛渠,并缩小毛渠之间的间隔距离,目的是防止灌溉积水而淹苗。

平畦栽培若灌水,一般结合中耕开小沟,沟内实行沟灌。同样,平畦栽培也可以进行地膜覆盖。

第五节　籽瓜机械化栽培

机械化栽培尤其是全程机械化,不仅大大降低生产成本,同时大大地提高了劳动力管理定额,大幅提升了经济效益。籽瓜生产机械化的发展,结合当前的籽瓜膜下滴灌技术的实施,使得目前整个籽瓜的生产中人力的投入极少,生产中仅需要进行人工辅助性操作,比如人工辅助性放苗、除草等,几乎所有操作都由机械完成。下面以新疆阿勒泰地区籽瓜生产全程机械化为例,进行简要介绍。

一、全程机械化的技术组合模式及作业流程

采用的作业流程为:机械联合耕整→气吸式铺膜播种(铺设滴灌带)→田间管理(机械打药、喷肥)→滴灌浇水、施肥→机械化集条→捡拾脱粒联合作业→机械清选→机械残膜回收。

二、机械联合整地作业

采用奎屯吾吾农机制造有限公司生产的 1LZ-3.6(或 4.2、5.4)型联合整地机,可一次性完成碎土、平土、镇压,达到"齐、平、松、碎、净、墒"要求,为作物提供良好种床。

三、气吸式铺膜作业

引进新疆科神农业装备科技开发有限公司生产的 2BMJ-4
(6、8)型气吸式膜下滴灌播种机,一次性完成施肥、铺设滴灌带、
铺膜精量(气吸式)播种、覆土等作业工序。与以往常规播种采用
的铺膜、施肥、穴播、覆土等工序相比,可实现节水、节肥、节药(滴
灌)、节种(气吸式精量播种)。

四、田间管理

按籽瓜生产机械化技术标准要求,采用背负式或喷杆喷雾式
喷雾机进行喷洒除草,完成播后土壤封闭。中耕作业宜选用和播
种作业同类型的拖拉机配备中耕器作业。中耕机可配合施肥器,
中耕施肥一次作业完成。

五、籽瓜机械集条作业

采用塔城地区农机推广站研制的 4DGJI-20 型籽瓜集条机,
配套动力为 12.5～29.4 千瓦的小四轮,可在 160～200 厘米工作
幅宽内完成对籽瓜机械化集条作业,改变了传统的人工作业方
式,省时、省工。

六、籽瓜捡拾脱粒联合作业

采用新疆农业科学院农业机械化研究所研制的 4ZGJT-500
型籽瓜捡拾脱粒联合作业机,配套动力 18～47.8 千瓦,可一次性
完成对籽瓜的捡拾、脱粒作业,捡拾率可达 90% 以上。传统的收
获方式为小四轮带动籽瓜脱粒机对人工堆集成条的籽瓜进行人
工捡拾,人工喂入脱粒机进行机械脱粒。

七、机械清选

瓜子晾晒后进行清选装袋,通常采用复式谷物清选机固定作业。

八、残膜回收作业

目前阿勒泰地区主要采用指盘式和弹齿式残膜回收机进行作业,表层拾净率大于 75%,深层拾净率大于 65%。

第六节 籽瓜栽培技术的改进与创新

籽瓜栽培实践中,各地结合当地情况,对籽瓜栽培技术不断做出改进与创新,推动了籽瓜生产的发展。这些改进创新,由生产单位总结发表的较多,值得我们进行回顾与总结,并在将来的生产中予以借鉴。

一、灌溉方式的演变

20 世纪 80 年代,新疆各地陆续引入籽瓜种植,有平播沟灌与起垄沟灌两种方式。平播沟灌,耗水量大、淹苗现象重、生长量不足、结瓜少、田间烂瓜严重,产量低、品质差;起垄沟灌采用当时的普通西瓜种植方式,尽管加大了开沟成本,但较好地解决了浇水淹苗的问题,取得了较好的生产效果。此时期,留苗密度约 1 500 株/667 米^2。

20 世纪 80 年代末,新疆开始推广地膜覆盖技术,由此出现覆膜平播、覆膜起垄,实行膜下沟灌,由于地膜的增温、保墒、压草、压碱等效应,表现出显著的增产效果,加之留苗密度的加大(2 000~3 000 株/667 米^2),平均单产增加到 130 千克/667 米^2。

20 世纪 90 年代,喷灌等节水技术开始在新疆推广。随着籽瓜栽培技术的提高,留苗密度进一步的增加。2005年以后,籽瓜滴灌技术在生产上应用推广,籽瓜灌水施肥条件进一步改善,留苗密度增加到3 500~4 000株/667米^2,甚至有的地方留苗密度4 400~4 600株/667米^2,膜下滴灌籽瓜平均单产达到150千克/667米^2。

灌溉方式的不同,严重影响留苗密度。丁万红等(2013)在新疆乌鲁木齐试验得出:林籽1号,采用平均行距0.75米,株距0.24米,每667米^{2}保苗株数3 700株的处理,产量最高;唐风等(2011)在甘肃靖远试验得出:林籽1号,试验产量最高密度为17 654株/公顷,建议将籽瓜杂交种林籽1号在靖远的种植密度调至17 654~19 500株/公顷较为适宜。同是林籽1号,两地适宜密度之比为3:1。

二、覆膜方式的演变

地膜覆盖栽培在甘肃砂田栽培中已发挥重要作用。砂田地膜籽瓜栽培技术的核心是在旱砂田之上再覆盖地膜,集成土壤水分抑蒸原理、雨水富集入渗叠加利用原理及温室效应的原理,具有集雨、补水、保墒、增温、防冻、防杂草、促早熟、提品质等多种作用,是甘肃省靖远县、景泰县、会宁县等地旱作农业中最具创新特色的一项实用技术。把传统旱作砂田栽培同地膜覆盖栽培有机结合起来,能最大限度地接纳雨水,将4~6月份10毫米以下的无效降水转化为有效降水,同时充分发挥沙砾和地膜的抑蒸作用,减少土壤水分损失,实现了有限降雨的生物最大转化。

傅亲民等(2011)研究旱砂田不同覆膜方式的水温效应表明:砂田全膜覆盖、砂田宽膜覆盖和砂田半膜覆盖较对照砂田不覆膜0~20厘米土壤含水量分别高3.5、3.4和2.6个百分点,籽瓜水分利用效率分别达到10.15千克/(毫米·公顷)、10.05千克/(毫米·公顷)和8.22千克/(毫米·公顷)。在籽瓜膨大期,砂田全膜覆盖、砂田宽膜覆盖、砂田半膜覆盖较砂田不覆膜 0～20厘米土壤平均温度分别高 0℃～4.6℃、0℃～4.4℃ 和 0℃～2.4℃,土壤总积温分别高 484.7℃、465.5℃ 和 242.7℃,平均地温分别高 3.8℃、3.6℃ 和 1.9℃。与砂田全膜覆盖、砂田半膜覆盖和砂田不覆膜相比,砂田宽膜覆盖具有显著的经济效益,是目前旱砂田的最佳覆膜方式。

因为宽膜的增温、保墒、压草、压盐碱的效果较好,在新疆使用农用地膜的宽度,也从 70 厘米、90 厘米的窄膜,发展到 145 厘米、200 厘米的宽膜、超宽膜,生产中不同类型的地膜同时存在。覆盖面积大的增温保墒效果好,今后要进一步扩大宽膜、超宽膜的种植面积。

三、耕作方式的演变

平播栽培较开沟做畦栽培籽瓜,省工、省成本,但瓜苗及鲜瓜易受水浸泡,减产严重;但在滴灌栽培条件下,灌水均匀、灌水量小,不易发生浸泡现象,生产中,膜下滴灌籽瓜又改回平播方式。

籽瓜育苗移栽易成活,小片籽瓜的生育期较短,也有麦套籽瓜及麦收后复种籽瓜成功的报道。在滴灌小麦收获后,利用育苗移栽复种籽瓜,可以充分利用麦田滴灌管网进行滴灌籽瓜的生产,不失为一个增产增收的好的途径。

籽瓜较耐贮存,有的地方有鲜食籽瓜的习惯,鲜食籽瓜的栽培与常规籽瓜不同,当前已出现一些籽食两用的籽瓜品种。

四、整枝与化控

籽瓜生产中,多不进行整枝,任其自然生长。但在较高生产水平下和较高留苗密度下,是否应当进行简单的整枝、如何整枝,还值得研究与探讨。

宫建军(2001)在甘肃省会宁县旱砂田进行了 3 年的整蔓试

验研究,调查结果表明:在同等条件下,整蔓田每公顷鲜瓜产量达5.80万千克,整蔓比对照田籽瓜增产17.8%;籽瓜生瓜率仅5.2%,产籽率近4.9%;干黑瓜子产量2813千克/公顷,比对照田增产47.5%。

据宫建军调查,砂田籽瓜传统种植方法存在很大的缺点,任籽瓜主副蔓自然生长,不进行人工整蔓,形成籽瓜个体多蔓丛生、群体枝蔓纵横交错、杂乱无章、花期延长、坐瓜不齐、瓜个大小不一、收获时成熟度不一的状况,鲜瓜每公顷产量仅为3.75万千克左右,生瓜率高达18%以上,产籽率不足3%。

籽瓜生长发育的自然习性是分生多枝蔓、多花蕾,植株一生坐瓜多达3~6个,最后发育成可产籽的有效瓜只有早坐瓜的1~2个,其他瓜均为不能生产成熟瓜子的生瓜。这不仅造成养分的无效消耗,而且影响籽瓜的产量、产籽率和百粒重。整蔓可使个体植株有序,减少营养物质的无效消耗,提高了养分利用效率,也相对延长了土壤供肥期,有效地改善了后期土壤缺肥引起蔓叶脱肥早衰现象。经过整蔓的大田,植株个体结构合理,生长发育良好,群体开花、坐瓜、膨瓜、成熟等各生育期整齐一致,而且瓜子成熟度好,提高了百粒重、产籽率和干瓜子的产量。

当前,为调控籽瓜的生长,生产上已经开始应用缩节胺进行化控,应用叶面肥促进生长,但使用类型、使用适期、使用剂量等都还未有深入研究,只是简单套用其他作物的生产经验。

第六章　籽瓜病虫草害防治

籽瓜生产中病害较为严重,防治不当很容易造成大面积的死蔓和减产。病害综合防治是生产中一个举足轻重的环节,尤其是当前籽瓜生产上的白粉病较易发生,并危害严重;籽瓜虫害不常发生,但若发生也将造成产量的损失;籽瓜的杂草防除是籽瓜生产中的一个重要环节,技术使用不当会增加大量的人工除草成本,严重影响籽瓜种植的经济效益。

第一节　籽瓜病害防治

有关籽瓜病害的报道较少。陈秀蓉、魏勇良(1998)经过十多年的观察研究,发现籽瓜病害的种类、症状与西瓜病害不完全相同,如在黑籽瓜上尚未发现由尖镰孢(Fusarium oxysp orium)引起的枯萎病。经鉴定,甘肃省共有籽瓜病害16种,这里选择6种主要病害重点介绍。

一、籽瓜白粉病

籽瓜白粉病近些年在新疆危害十分严重,是籽瓜生产中最主要的病害。籽瓜白粉病发生有其自身特点,早期先在籽瓜下层茎秆、叶柄处侵染发病,不易发现,其蔓延速度较快,叶柄发病部位极易折断,造成迅速倒秧。在不注意的情况下,农民发现田间籽瓜白粉病发生时已至发病中后期,再施药已很难控制其危害。若不实施有效的预防措施,几乎100%的地块都发生籽瓜白粉病,一般发病田块死秧率在20%～60%,重病田死秧率在80%以上。

籽瓜白粉病的危害已成为籽瓜生产中的首要问题。

(一)症 状

白粉病主要发生在籽瓜生长的中后期,一般从 6 月下旬坐瓜后开始在大田呈发病点的形式发生,迅速扩散成片,若控制不好一直到收获期都有发病。

籽瓜白粉病早期不易发现,它一般从叶柄处和茎蔓处发生,在叶柄处和茎蔓处形成 1 个或多个白色粉层,后逐渐蔓延扩展,严重时整个茎蔓布满白粉,粉层稀薄,病部略现油渍状,由于有叶片的遮盖,发病的部位不容易发现,只能看到叶片的萎蔫。而黄瓜、甜瓜、南瓜等葫芦科植物白粉病一般先在叶片上形成白粉,因此发病后极易发现和诊断。

籽瓜对白粉病菌比较敏感,一般发病后受害部位很快缢缩,病部以上叶片萎蔫下垂,而后很快枯死,造成籽瓜大面积死秧,并且传播速度极快。叶片上有时会出现很小的白色粉状霉点,霉点不明显,如果田间条件适宜,叶片上的白粉会迅速扩大,整个叶面布满稀薄的白粉,但不常见。

(二)发病原因

籽瓜白粉病由子囊菌亚门白粉菌目白粉菌侵染所致,引起籽瓜白粉病的病原菌主要为菊二孢白粉菌和单囊壳白粉菌。

白粉病病原为专性寄生菌,只能在活的寄主组织上生长发育,白粉菌寄主范围广,除葫芦科作物外,还可侵染其他科的多种植物,如向日葵、车前草、牛蒡、蒲公英等。北疆地区籽瓜白粉病菌在田间自然状态下很少形成闭囊壳,病菌主要以分生孢子或菌丝在被害寄主植物上或温室植物上越冬,借气流进行高空远距离传播。

调查发现,气温高、播种早的地区发病较早而重,气温低、播种晚的地区发病较晚而轻。根据调查,可以确定北疆各地区籽瓜白粉病防治始期:沙湾县于 6 月中下旬;昌吉市、阜康市和奇台县于 6 月下旬至 7 月上旬;塔城盆地各县、阿勒泰市、福海县防治始期于 7 月上中旬。最初的喷药防治时间各地区应依据当年气温、播期变化及病情调查情况,适当调整。抓住籽瓜白粉病发病始期及时防治是防止籽瓜白粉病流行危害的关键。

(三)防治方法

合理密植、培育壮苗是白粉病综合防治的基础;坐果期气温高、群体叶面积大,遇到降雨、灌溉,将会形成高温高湿的田间小气候,是白粉病发病的适宜条件,此时要注意喷洒药剂防治。

籽瓜白粉病的防治应坚持"系统控制,防重于治"的原则。种植黄瓜、西葫芦、南瓜等葫芦科作物的温室是大田籽瓜白粉病发生流行的重要初侵染病源地,因此籽瓜种植地应远离种植葫芦科作物的温室大棚。籽瓜白粉病的发生顺序为,距离温室种植区近的地区先发病,距离温室种植区远的后发病;早熟的小片品种先发病,晚熟的大片品种后发病;早播的地块先发病,晚播的地块后发病。因此,籽瓜白粉病的喷药防治顺序应为,先防治温室大棚附近的地块和早播、早熟籽瓜地块,后防治距离温室大棚较远的地块和晚播、晚熟籽瓜地块。

目前,新疆种植的籽瓜品种均不抗白粉病,如果遇到适应条件,白粉病很容易造成流行。因此,要降低白粉病发生率,首先要加强田间管理,增施磷、钾肥和微量元素,促进植株健康生长,增强籽瓜自身的抗病力。其次,根据田间调查及天气预报,及早进行喷药保护。籽瓜白粉病一般在 6 月下旬开始发生,因 7 月份干旱少雨蔓延较快。因此,从 6 月下旬起进行喷药预防,以后每隔 7~10 天喷药防治 1 次,连喷 3~6 次,可以取得好的防治效果。常用药剂为石硫合剂、三唑酮、氟硅唑、烯唑醇、腈菌唑、苯醚甲环唑等,各种药剂交替使用,以免产生抗药性。

二、籽瓜枯萎病

(一)症 状

苗期至结瓜期均可发病,以开花结瓜期最明显。出苗后发病,子叶和叶片萎垂,茎蔓基部缢缩变褐猝倒。成株发病后,瓜秧生长缓慢,典型症状是植株萎蔫,初期叶片从下至上逐渐萎蔫,似缺水状,中午明显,早晚可恢复正常,几天后植株萎蔫下垂,不再恢复常态。植株基部表皮粗糙,根颈部有纵裂,常溢出琥珀色胶质物。潮湿时茎部呈水渍状腐烂,出现白色至粉红色霉状物,即病菌分生孢子梗和分生孢子。

(二)发病原因

籽瓜枯萎病菌属于半知菌类镰孢菌属的真菌,枯萎病菌主要以菌丝、厚垣孢子在土壤中或混杂在种子中越冬,种子内外均可带菌。病菌的远距离传播主要通过调运种子,近距离(局部)传播主要通过播种带菌种子,施用带菌肥料传播,另外通过耕作、灌溉等使田间发病中心向全田扩展。枯萎病菌对温度要求范围广,一般8℃～34℃都可致病,最适温24℃～28℃,较高的温度对病菌有利,可缩短潜育期。病菌可在土壤中长期存活(土壤习居菌),重茬可造成病菌大量积累,导致籽瓜枯萎病发生严重。

(三)防治方法

第一,选择抗病品种。种植抗病品种是防治枯萎病最有效的方法,使用较强抗性材料,进行抗枯萎病选育是可行的,但抗籽瓜枯萎病的品种很少。陈年来等(2000)报道了2个抗枯萎病品系;贾宋楠、王惠林等(2013)通过室内苗期枯萎病人工接种鉴定,对62份来源于籽用西瓜、黏籽西瓜及普通西瓜杂交后代自交纯系进行枯萎病抗性鉴定,显示出不同自交系之间抗病性的差异,供试材料中鉴定出19份中抗、42份轻抗和1份感病材料,没有发现免疫和高抗材料。

第二,加强栽培管理。施足腐熟的有机基肥,氮、磷、钾配合施用,不偏施氮肥,创造有利于瓜类生长发育(特别是根系发育)的环境条件,增强其自身的抗病力,可减轻病害发生;收获后及时清除病叶、茎蔓、果实,烧毁或深埋;与非瓜类作物轮作 3～4 年,这是防治籽瓜枯萎病较为有效的方法;中量雨前后不要灌水,降低田间湿度,控制病菌的传播。

第三,药剂防治。用 50％多菌灵浸种 1 小时,40％甲醛 100 倍液浸种 30 分钟,或用种子重量 0.3％的敌磺钠或拌种双(拌种灵·福美双)拌种。发病初期,可用 50％多菌灵可湿性粉剂 500 倍液,或 70％甲基硫菌灵可湿性粉剂 800 倍液浇灌植株,每株 250 毫升,每 10 天灌 1 次,连灌 2～3 次,对控制病情发展有一定效果。

三、籽瓜果斑病

(一)症 状

籽瓜在生长的各个时期均可受果斑病菌侵染。子叶发病,边缘出现水渍状褪绿斑,随后病斑变为暗棕色,并沿主脉逐渐发展为黑褐色坏死斑,常伴随有黄色晕圈。真叶发病,其上出现不明显暗褐色水渍状小病斑,边缘有黄色晕圈,后期病斑通常沿叶脉发展,病斑不规则,在高湿环境下,病斑处分泌出菌脓。果实发病,初期果面出现水渍状小型斑点,天气条件适宜,病斑迅速扩展为圆形或不规则形的大型暗绿色斑块,病斑边缘不规则,并不断扩展,严重的几天便布满整个果面,病部只局限在果皮,果肉组织仍然正常。后期病原菌扩展到果肉,使果肉变成水渍状,果实很快腐烂。

(二)发病原因

籽瓜果斑病菌属于噬酸菌属的细菌,此病菌除危害籽瓜外,还可侵染甜瓜、西瓜、野南瓜等葫芦科植物。果斑病病菌可在种子或随病残体在土壤中越冬，以种子带菌为主，种内、种表均可带菌。发病后病部溢出菌脓，病菌借雨水、风、昆虫及农事操作等途径传播，从伤口和自然孔口（气孔、水孔）侵入，可进行多次再侵染。病菌可沿导管进入种子皮层，使种子内带菌。此病在高温、高湿的环境易发生，特别是炎热季节伴有暴风雨的条件下有利于病菌的繁殖和传播，导致病害发生重。种植过密或重茬种植发病重。

（三）防治方法

1. **播种无病种子**　严禁从疫区调种和引种，应从健康植株的健康果实上采收种子。

2. **种子处理**　50℃湿热处理 30 分钟，60℃干热处理 4 小时，以及 2% 盐酸处理 20 分钟对防治籽瓜果斑病种子带菌具有良好的效果。但经稀盐酸处理以后，必须用清水冲洗干净，否则影响发芽率和出苗率。

3. **种植抗病品种**　引进、种植抗病品种是防治病害最经济有效的措施，但是目前新疆种植的籽瓜品种不抗病，这给新疆籽瓜果斑病的防治造成了一定的难度。因此，今后必须加快培育抗病品种的步伐，以利于新疆籽瓜产业的发展。

4. **加强农业防治**　实行轮作，最好与同科作物轮作 3 年以上；及时清理田间病残体，秋季深翻地，以降低菌源数量；采用滴水灌溉，避免大水漫灌；合理密植，增加田间通风透光，提高抗病能力。

5. **药剂防治**　及时进行田间调查，拔出中心病株和中心病果，减少初次侵染源；发病初期喷施药剂防治，常用的药剂有硫酸链霉素、氯霉素、氧氯化铜、琥胶肥酸铜、噻菌铜等，一般每隔 5～7 天喷药防治 1 次，连续喷 2～3 次效果较好。

四、籽瓜蔓枯病

（一）症　状

籽瓜蔓枯病在整个生育期均可发生，植株地上各部位均可受害，一般表现为叶片、茎蔓枯死和果实腐烂。

子叶发病时，最初呈现褐色水渍状小斑，逐渐发展成直径1～2厘米圆形或不规则形褐色病斑，病斑上有轮纹，中心颜色较淡，边缘为深褐色且与正常组织分界明显，其上长出许多小黑点。不久扩展至整个子叶，引起子叶枯死。真叶发病时，病斑常发生在叶片叶缘，发病时产生"V"字形或半圆形黄褐色到深褐色大病斑，多具或明或隐的轮纹，病斑易干枯破碎。叶柄发病产生水渍状褐色不规则病斑，后期病斑上也产生许多小黑点，表面粗糙，下雨后病部腐烂，易折断。

幼苗茎部受害，初现水渍状小斑，后迅速向上、下扩展，并可环绕幼茎，引起幼苗枯萎死亡。成株发病多见于茎基部、茎节处以及叶柄。发病初期茎基部和分枝处出现水渍状灰绿色菱形或条形病斑，向上蔓延到各茎节，逐渐形成黄白色的长条形或椭圆形凹陷斑，患病部位有时分泌出黄褐色、橘红色至黑红色胶状物。病斑后期散生黑色小颗粒。潮湿时表皮腐烂，露出维管束，呈麻丝状。瓜蔓显症3～4天后，病斑即环茎一周，7天后产生分生孢子器，严重时约2周后病株即枯死。

果实染病，主要发生在靠近地面处，病斑圆形，初呈油渍状小斑点，后变暗褐色圆形大凹陷斑，表面干裂，内部木栓化，常呈星裂状，后期病斑上密生小黑粒点，可导致果实腐烂。卷须受害后迅速失水变褐枯死。病斑上产生大量小黑粒点及分泌琥珀色胶质物。此特征可与炭疽病、枯萎病、疫病相区分。此病不危害根部和维管束，病原菌的分生孢子器和子囊座在茎、叶、果的老病斑上呈散生黑色小点。

蔓枯病与枯萎病、疫病不易区分,在病害诊断过程中常出现误诊。在实际诊断中可割断茎蔓观察维管束是否变色,若变为褐色则为枯萎病,不变色则为蔓枯病;疫病危害的叶片病斑形状不一,呈不规则形,湿度大时生有白色霉层,而蔓枯病侵染的叶片病斑呈"V"型,且蔓枯病侵染的叶片不会出现白色霉层。

(二)发病原因

瓜类蔓枯病是由亚隔孢壳属的瓜类黑腐球壳菌引起的,属子囊菌亚门真菌腔菌纲座囊菌目座囊科。蔓枯病菌分生孢子器多聚生在叶面和茎蔓表面,初埋生,后突破表皮外露,即后期病斑上散生黑色小颗粒。球形或扁球形,直径为 80～136 微米,顶部有圆形孔口,呈乳状突起,器壁淡褐色至褐色。成熟的分生孢子器遇水则释放出大量分生孢子,形成孢子链。

蔓枯病菌能以多种状态越冬,如分生孢子器、子囊壳和索状丝等。以分生孢子器随病株残体落入土壤里越冬为主,并为翌年春季提供侵染源。病菌还能附着于架材和种子上越冬,带菌率一般为 5%～30%,并可存活 18 个月以上。植株病残体上的病菌存活期因越冬场所不同而有差异,在水中和潮湿土壤中可存活 3 个月,在旱地病残体上能存活 8 个月以上。翌年春季,产生子囊孢子和分生孢子,通过风雨及灌溉水传播,从气孔、水孔或伤口侵入,反复侵染蔓延。湿度和温度是影响蔓枯病发生的主要环境因素,高湿及昼夜温差大引起的结露等有利于病害发生。田间温度 20℃～25℃、相对湿度 85%以上时,籽瓜最易发病。

(三)防治方法

与非瓜类作物轮作 3～5 年以上,合理密植,及时清理病老株叶,增加株间通透性等农业措施创造不利于病菌发生的环境条件,能有效控制蔓枯病的发生。

选用 15％三唑酮可湿性粉剂、5 克/升的 BASF 516（啶酰菌胺＋唑菌胺酯）、嘧菌酯悬浮剂 800 倍液、2.5～10 克/升新型药剂 ZH 及异菌脲，对于室内蔓枯病菌扩增具有良好的抑制作用。其中，三唑酮可湿性粉剂、新型药剂 ZH 及异菌脲对蔓枯病菌的抑制率都在 90％以上。也可选用 10％苯醚甲环唑水分散粒剂、70％甲基硫菌灵可湿性粉剂、75％肟菌酯·戊唑醇水分散粒剂4 000 倍液，这些药剂对瓜类蔓枯病菌具有较高的防效。

此外，木霉属真菌和荧光假单胞菌等生物制剂对西甜瓜蔓枯病也有较好的防治效果，但在籽瓜研究和生产中尚未见使用。

五、籽瓜炭疽病

（一）症　状

炭疽病在籽瓜上发生较西瓜更为严重，在籽瓜全生育期和各部位都可发生。叶片受害为圆形淡黄色斑点，边缘紫褐色，有同心轮纹和小黑点，病情加重常表现为叶片焦枯后变为褐色，茎基部叶柄收缩变为黄褐色，植株萎蔫。叶柄和茎上受害病斑呈椭圆形或纺锤形，稍向内陷，后期纵裂，由淡黄色逐渐变为深褐色。果实受害后病斑初呈水渍状淡绿色，扩大后为圆形或椭圆形，深褐色，稍凹陷，但不深入果皮内部，中部常开裂，周缘有时隆起。在潮湿情况下，病斑表面，特别是在茎和果实上常产生粉红色黏质物。

发病盛期在 7 月中旬至 8 月上旬，此期也是影响籽瓜产量及品质的关键时期。7 月初若是遇降雨，灌水不当，气温持续在24℃～26℃，且管理粗放，易造成病害发生，若不及时防治或防治不当，7～10 天可造成病害蔓延流行致使植株干枯死亡，籽粒不能完全形成，导致收获的籽粒畸形，商品价值低。

(二)发病原因

籽瓜炭疽病是由瓜类炭疽病菌引起的世界性病害,在多阴雨天气和南方多水地区发生尤重。病原菌以菌丝体和拟菌核在病残体或土壤中越冬,菌丝体也可在种子表皮黏膜上越冬。越冬后病菌产生大量的分生孢子,成为初侵染源,在田间借风、雨水、昆虫及农事操作传播。病菌发病的最适温度为 22℃～27℃,低于 10℃或高于 30℃时,病菌停止生长。空气相对湿度在 87%～95%时,病菌潜伏期 3 天,且湿度越低,潜伏期越长。当空气相对湿度低于 54%时则不发病。另外,氮肥用量过多,排水不畅,通风效果差,种植密度过大,植株长势弱和重茬种植,炭疽病发病则较严重。

(三)防治方法

第一,与非瓜类作物进行 2～3 年的轮作。选用抗病品种,选留无病种子。

第二,种子消毒。用 0.1%升汞浸种 10～15 分钟,或 40%甲醛 100 倍液浸种 30 分钟,用清水冲洗干净后播种。

第三,加强田间管理,清除田间杂草,保持田间清洁通风透光。密度过大的田块要进行间苗或整枝打杈,以免造成田间郁闭。灌水不宜过量,特别是雨后、水后要及时进行中耕和预防。

第四,药剂防治。用 10%甲基硫菌灵可湿性粉剂 1 000 倍液,或 80%代森锰锌可湿性粉剂 600 倍液,或 75%百菌清可湿性粉剂 600 倍液,或 50%胂・锌・福美双可湿性粉剂 50 倍液,或 50%多菌灵可湿性粉剂 500 倍液,于发病初期喷洒,均可收到显著效果,但喷药后 24 小时内遇雨应重喷。

六、籽瓜疫病

(一)症　状

籽瓜疫病,又称疫霉病,在籽瓜整个生育期均可发病,侵染籽瓜的根、根颈部、蔓、叶、嫩茎节部和果实。一般在7～8月份高温多雨期或者灌水后发生严重。土表下根茎部发病后产生弥散性病斑,皮层开始呈现暗绿色水渍状,后变成黄褐色,并逐渐腐烂或缢缩成细腰状,全株枯死。茎基部发病初呈水渍状斑点,后不断扩展,病部凹陷,缢缩呈灰褐色;茎蔓发病时,多发生在靠近蔓的先端,初为暗绿色水渍状梭形凹陷病斑,后环绕缢缩,导致病部以上叶蔓干枯、萎蔫。叶部发病,初形成近圆形或不规则水渍状的大型病斑,随后中心部分呈青白色,病斑发展至叶柄后,叶片萎蔫、干枯。果实上发病先形成暗绿色水渍状斑点,后不断扩大凹陷,最后造成果实大部或全部腐烂,潮湿时病部产生大量灰白色霉层,常伴有腥臭味。

(二)发病原因

籽瓜疫病是由辣椒疫霉和德氏疫霉侵染引起的一种毁灭性土传病害。籽瓜疫病在温暖多湿的条件下有利发病,病初侵染源主要是田间土壤和植株病残体上的卵孢子。越冬后卵孢子在条件适宜时,借助风雨或灌水传播,造成侵染发病。发病温度在10℃～37℃之间,最适温度为28℃～30℃,土壤相对湿度大于85％时,发病重。大雨或暴雨后天气突然转晴,气温急剧上升,病害易暴发流行,且渠水发病率高于井水。大水漫灌、串灌,土壤相对湿度95％以上,持续4～6小时,病菌即可完成侵染,2～3天即可发生1代。黏土发病较重,沙土和壤土发病较轻;重茬、迎茬以及与其他葫芦科作物轮作,发病比较重;覆膜栽培比露地栽培发病轻,高垄栽培比平铺栽培发病轻,滴灌比漫灌、串灌发病轻,早晚灌水比中午灌水发病轻。中耕次数过多及施用未经腐熟的有机肥也可增加病害的发生。

(三)防治方法

第一,合理轮作、合理密植、科学灌溉。合理轮作可以减少土壤中的病菌,不能重茬、迎茬以及与其他葫芦科作物连作,与非葫芦科作物轮作时间不应少于 4 年。合理密植,不宜太密,防止茎叶郁闭。根据土壤、作物需水特点、天气状况等进行科学灌溉,防止田间积水,降低田间湿度,减少发病的条件。

第二,种子处理。用 0.1 ％升汞浸种 10～15 分钟,或 40％甲醛 100 倍液浸种 30 分钟,用清水冲洗干净后播种。

第三,药剂防治。及时进行药剂预防是控制籽瓜疫病发生蔓延的有效措施。药剂防治可选用 64％噁霜·锰锌可湿性粉剂 500 倍液,或 58％甲霜·锰锌可湿性粉剂 500 倍液,或 72％霜脲·锰锌可湿性粉剂 500 倍液,或 69％烯酰·锰锌可湿性粉剂 1 000 倍液。喷药防治可以结合叶面肥进行,以降低成本。由于疫病潜育期短,蔓延速度快,危害程度大,在发病前要喷药预防,特别是每次大雨后应及时喷药 1 次,以后每隔 5～7 天喷药 1 次。

第二节　籽瓜杂草防除

新疆天山以北,田间杂草主要有田旋花、反枝苋、灰藜、苦蒿、稗草、野燕麦、狗尾草、刺儿菜、芦苇等,其中尤以田旋花、苦蒿、稗草、刺儿菜的危害最重。

生产中,一般进行播前或播后苗前的化学除草,辅以人工除草,可较好的防除幼苗期杂草;伸蔓后,可选择防除禾本科杂草的除草剂,结合人工除草;对于芦苇等多年生杂草,用草甘膦等进行涂抹防治。

一、土壤处理

采用土壤处理,可直接在土壤中施药,不易对农作物产生药害,操作方便。既可机械化操作,省时、省力,又可降低成本,提高经济效益。

土壤处理可每 667 米² 用 48％仲丁灵乳油 200 毫升或 96％异丙甲草胺乳油 60～70 毫升,配成药液喷洒于地表;对以阔叶杂草为主的地块,每公顷使用 33％二甲戊灵乳油 3 000～4 500 毫升或 33％二甲戊乐灵乳油 3 000 毫升;在以田旋花、反枝苋为主的瓜田内,每公顷使用 48％仲丁灵乳油 2 250～3 750 毫升效果较好。

籽瓜土壤处理对除草剂的选择,最好不选氟乐灵、乙草胺,已见大面积造成籽瓜药害的报道。异丙甲草胺的安全使用浓度范围较宽,对于土壤、气候情况复杂,不易掌握化学除草用药浓度的地区,是较为理想的土壤处理除草剂选择。

喷药前适墒精细整地,使土壤疏松细碎,处于待播状态,并在土壤墒情较好的情况下全田均匀喷施药液。一般每 667 米² 用水量不低于 30 升为宜,施药后及时浅混土 3～4 厘米。

二、茎叶处理

一年生禾本科杂草可在杂草 3～5 叶期,每 667 米² 用 6.9％精噁唑禾草灵水乳剂 60～70 毫升或 10.8％高效氟吡甲禾灵乳油 30～40 毫升,对水 30 升进行茎叶喷雾处理,防除禾本科杂草效果可达 90％以上。

籽瓜为阔叶作物,田间的阔叶杂草防除较困难,一般在籽瓜甩蔓前,每 667 米² 用 41％草甘膦水剂 200～250 毫升,进行田间杂草定向喷药处理。喷药时须带防护罩,谨防药液喷溅到籽瓜植株上,产生药害。

对于多年生的恶性阔叶杂草也可采用茎叶涂抹处理。采用

10％草甘膦与水配成 1：50 的溶液，进行滴心、涂叶，对于刺蓟、苦苣、香附子、打碗花等有 100％杀灭效果；芦苇耐药性强，溶液浓度需加倍，需配成 1：25 的溶液才可获得 100％杀灭的效果。

在茎叶处理时，要避免在有风的天气施药，一般要求在土壤墒情较好、气温稍高、无风时施药，施药时间以清晨或傍晚为宜。

三、受除草剂危害后的处理

一旦发现有除草剂危害的情况，应立即进行"解毒"处理。

确定籽瓜产生药害后，首先考虑灌水减轻毒害；其次，要迅速喷清水，冲洗数遍；然后，立即每 667 米^2 用绿风 95 叶面肥 50 克或植物龙叶面肥 10 克，对水 20 升，均匀喷于受害叶面，连喷 3 次，间隔 5～7 天，可明显改善受害状态，提高植株恢复能力。

四、瓜列当的危害与防治

国内分枝列当（瓜列当，O. aegyptiaca Pers.）主要寄生在甜瓜、西瓜、籽瓜、加工番茄和马铃薯上，其寄生在籽瓜、西瓜、甜瓜上后，导致寄主因缺乏水分和养分不能正常生长发育。瓜秧叶片发黄、瘦小，茎蔓细弱，生长发育迟缓，生长期较正常缩短 15～20 天，提前出现衰老症状。在坐果期和果实膨大期，受其影响，果实不能正常膨大，直接影响单果的重量，轻者减产 40％，严重者甚至绝收。分枝列当生育期短，每株可产生 5 万～10 万粒种子，多者可产生 300 万粒以上的种子，且种子可在 5～10 厘米深的土层中存活 5～10 年。

列当在南疆多出现于 6 月中旬以后，北疆发生于 7 月上旬以后。目前，籽瓜田尚未受到较大危害，但鉴于其危害性很大，应见到即予以防除，并做到一株不漏。防治方法如下。

第一，将列当齐地面切去地上花茎，然后用石油滴到列当的残茬口上，用量以从茬口稍有溢出为宜。也可使用尿素或二甲四氯防治瓜列当。

第二,切茎埋土。把列当花茎从地面以下处切掉,将切下部分碎成1~3厘米小段,再用刀劈伤断茬,把碎花茎放在劈伤的茬口上,覆盖5厘米左右的湿土,约经1周时间,残茬可全部腐烂,防治效果良好。操作时注意,使碎花茎和断茎口直接紧密接触。

第三,生物防治。防治前半小时,将F798制剂(有效成分为镰刀菌)用水按1000~3000倍液浸泡,充分搅拌备用。把刚露土的列当从茎基部切断,在切口处均匀地涂上F798浸出液即可。

使用F798制剂注意事项:一是列当随出随治,宜早不宜迟;二是药液放置时间不能过长,随配随用,当天用完;三是防治时间应在早上或傍晚;四是防治前应浇水,防治后不能立即浇水,以免冲走药物,影响效果;五是不能与其他药物混合使用,或刚施药就喷洒其他化学药物。

第三节 籽瓜虫害防治

一、地下害虫

籽瓜地下害虫主要有:地老虎、金针虫、蛴螬、蝼蛄,主要蛀食萌发种子、幼根和嫩茎,毁坏幼芽、幼根,造成缺苗、断垄。一般用敌百虫、溴氰菊酯、辛硫磷等杀虫剂,进行拌种或撒施毒饵,可有效进行防治。如用90%敌百虫晶体500克,对水10升,拌种100千克;喷施2.5%溴氰菊酯乳油3000倍液;用50%辛硫磷乳油100克,对水5升,拌种50千克。

二、红蜘蛛

除危害瓜类,也危害棉花、向日葵、茄子、烟草、果树、花木等植物。以若虫和成虫在叶背吸食汁液,使叶片失绿,影响光合作用,严重时叶片干枯脱落,影响产量和质量。用20%三氯杀螨砜可湿性粉剂600～1 000倍液,或40%三氯杀螨醇乳油1 000倍液,或40%乐果乳油1 000倍液,或仿生农药1.8%农克螨乳油2 000倍液,喷雾防治。

三、蚜　　虫

蚜虫在瓜苗生长点、嫩叶、叶背面、嫩茎上吸食汁液,造成叶片卷缩、瓜苗萎蔫甚至枯死。瓜蚜分泌的"蜜露"不利于光合作用和呼吸作用,轻者影响结瓜,重者植株早衰死亡。瓜蚜还是传播瓜类病毒病的主要媒介。用40%乐果乳油1 000～1 500倍液,或2.5%溴氰菊酯乳油或20%氰戊菊酯乳油3 000倍液,或2.5%联苯菊酯乳油3 000倍液,喷雾防治。